J. Rosenthal

Elektrizitätslehre für Mediziner von Dr. J. Rosenthal

J. Rosenthal

Elektrizitätslehre für Mediziner von Dr. J. Rosenthal

ISBN/EAN: 9783743365346

Hergestellt in Europa, USA, Kanada, Australien, Japan

Cover: Foto ©berggeist007 / pixelio.de

Manufactured and distributed by brebook publishing software (www.brebook.com)

J. Rosenthal

Elektrizitätslehre für Mediziner von Dr. J. Rosenthal

ELECTRICITÄTSLEHRE

FÜR

MEDICINER.

VON

DR. J. ROSENTHAL,

ASSISTENTEN AM PHYSIOLOGISCHEN LABORATORIUM DER UNIVERSITÄT
ZU BERLIN.

Mit 33 in den Text eingedruckten Holzschnitten.

BERLIN, 1862.

VERLAG VON AUGUST HIRSCHWALD.

U. D. LINDEN 68.

VORWORT.

Das vorliegende Büchlein hat zum Zweck, dem Mediciner eine Zusammenstellung derjenigen Sätze der Electricitätslehre zu bieten, deren er zum Studium der Physiologie oder bei der practischen Anwendung der Electricität in der Medicin bedarf, deren Darstellung aber in den Handbüchern der Physik meist nur unvollständig, für das Bedürfniss der Mediciner nicht ausreichend gegeben ist. So wird dasselbe als eine Ergänzung der physicalischen Handbücher einerseits, der physiologischen und electrotherapeutischen andererseits anzusehen sein.

In der Darstellung war das Streben nach Klarheit die hauptsächlichste Richtschnur, doch hat die Richtigkeit und Strenge darunter hoffentlich nicht gelitten. In der Auswahl war ich bestrebt, das in allen physicalischen Lehrbüchern schon Enthaltene

möglichst kurz und nur soweit zu berühren, als
der Zusammenhang es erheischte. Auf der anderen Seite wurde grundsätzlich alles ausgeschlossen,
was seinem Wesen nach Gegenstand der Physiologie ist, also nicht in ein physicalisches Lehrbuch
gehört. Ebenso habe ich mich im letzten Capitel,
welches der medicinischen Anwendung der Electricität gewidmet ist, streng auf das Technische beschränkt, das wesentlich Therapeutische den Handbüchern der Electrotherapie überlassend.

Bei der Abfassung dienten mir die von Herrn
Professor du Bois-Reymond über den Gegenstand an hiesiger Universität gehaltenen Vorträge
zum Muster. Wer jene zu hören Gelegenheit hatte,
wird leicht beurtheilen können, wieviel ich denselben verdanke. Hoffentlich ist es mir gelungen,
meinem Vorbilde möglichst nahe gekommen zu
sein!

Berlin, August 1862.

Inhalt.

Kap.   Seite.

1. Von den electrischen Flüssigkeiten und ihren gegenseitigen
   Anziehungen und Abstossungen . . . . 1.

2. Von der Vertheilung der Electricität und einigen auf derselben
   beruhenden Instrumenten . . . . 13.

3. Von den electrischen Strömen und ihren Wirkungen . . . . 24.

4. Von der Electricitätserregung durch Contact und den conti-
   nuirlichen electrischen Strömen . . . . 31.

5. Von der Electrolyse der galvanischen Polarisation und den
   constanten Ketten . . . . 40.

6. Von der Messung der Stromstärke, dem OHM'schen Gesetz und
   dem Widerstande . . . . 52.

7. Von der Stromdichte, den Zweigströmen und der Vertheilung
   des Stromes iu nicht prismatischen Leitern . . . . 71.

8. Vom Electromagnetismus und der Erregung electrischer Ströme
   durch Induction . . . . 91.

9. Von der Einrichtung und dem Gebrauch des Multiplicator . 113.

Kap.   Seite.

10. Von der Messung sehr geringer Stromstärken, besonders kurzdauernder Ströme und der electrischen Zeitmessung . . . . 132.

11. Von den Thermoströmen und der electrischen Temperaturbe-
stimmung 144

12. Von der Anwendung der Electricität in der Medicin . . . . 158.

————

Druckfehler:

Seite 30 Zeile 7 von Unten lies   A   statt   B.

,,   ,,   ,, 5 ,,   ,,   ,,   B   ,,   A.

,, 123 ,, 14 ,,   ,,   ,, Zinkoxyd ,, Zinkvitriol.

————

Capitel I.

Von den electrischen Flüssigkeiten und ihren gegenseitigen Anziehungen und Abstossungen.

—

§. 1. Als Grund der Erscheinungen, welche wir electrische nennen, nehmen die Physiker zwei hypothetische Flüssigkeiten an, die positive und die negative Electricität, welche, selbst unwägbar, an der wägbaren Materie haftend, diese in Bewegung zu setzen oder sich selbst in jener zu bewegen vermögen, nach Gesetzen, welche wir bald näher betrachten wollen. Die Eigenschaften, welche diesen Flüssigkeiten zugeschrieben werden, sind folgende: Jede derselben stösst die ihr gleichnamige ab und zieht die entgegengesetzte an, und diese Abstossung und Anziehung geschieht in umgekehrtem Verhältniss der Quadrate ihrer Entfernungen.

Denken wir uns nun einen Körper erfüllt mit gleichen Mengen entgegengesetzter Electricitäten, welche wir mit + E und − E bezeichnen wollen, so kann dieser auf einen anderen Körper, welcher ebenfalls gleiche Mengen beider

Electricitäten, etwa + e und − e, enthält, keinerlei Wirkung ausüben (ganz abgesehen natürlich von den Wirkungen der Schwere und anderer nicht electrischer Kräfte).
Denn es wird ja die Abstossung zwischen + E und + e,
− E und − e aufgehoben durch die genau gleiche Anziehung zwischen + E und − e, − E und + e. Diesen
Zustand der Körper, in welchem dieselben gleiche Mengen
entgegengesetzter Electricitäten enthalten, in welchem sie
also keiner electrischen Wirkung fähig sind, nennt man
daher den unelectrischen oder neutral electrischen
Zustand.

Wenn jedoch durch irgend einen Umstand die Vertheilung der Electricitäten in einem Körper so geändert
worden ist, dass er von der einen Electricität eine grössere
Menge enthält, als von der entgegengesetzten, so wird er
auf andere Körper anziehend oder abstossend wirken müssen, je nachdem die eine oder die andere Wirkung überwiegt. Man sagt dann, der Körper besitze freie Electricität oder sei mit freier Electricität geladen, im Gegen-
satz zu der gebundenen Electricität, die alle Körper im ·
natürlichen Zustande besitzen, u. z. sagt man, der Körper
sei mit freier positiver oder negativer Electricität geladen, je nachdem er einen Ueberschuss von der einen oder
anderen besitzt.

§. 2. Unter den Mitteln, durch welche eine Aenderung in der Vertheilung der Electricitäten hervorgerufen
werden kann, steht obenan die Reibung. Fast stets, wenn
zwei Körper an einander gerieben werden, tauschen sie
einen Theil ihrer Electricitäten mit einander aus, so dass
der eine einen Ueberschuss von positiver, der andere
einen Ueberschuss von negativer Electricität erlangt.

Wir sehen also, dass die electrischen Flüssigkeiten nicht unbedingt an die Körper gebunden sind, denen sie einmal anhaften, sondern dass sie von einem Körper auf den andern übergehen können, und dies giebt uns ein Mittel an die Hand, die Wirkungen zu studiren, welche die Electricitäten ausüben, wenn sie nicht in gleichen Mengen angehäuft sind und ihre Wirkung gegenseitig aufheben.

Reiben wir z. B. eine Glasstange mit einem Stücke wollenen Zeuges und berühren dann diese Stange mit einem Stückchen Blattgold, welches an einem feinen Schellackfaden befestigt ist, so nimmt es einen Theil der freien Electricität der Glasstange an. Hängen wir nun den Schellackfaden mit dem Blättchen so auf, dass das Blättchen sich in einem horizontalen Kreise drehen kann, und nähern jetzt dem Blättchen die Glasstange, so bemerken wir, dass es schon aus bedeutender Entfernung abgestossen wird. Diese Abstossung ist, wie aus dem Vorhergehenden ersichtlich, die Wirkung der gleichnamigen Electricitäten, welche in dem Glasstabe sowohl, als im Goldblättchen im Ueberschuss vorhanden sind.

Machen wir nun denselben Versuch mit einer Siegellackstange, so führt er zu dem nämlichen Ergebniss. Auch diese wird durch Reiben mit Wolle electrisch, auch sie giebt bei der Berührung einen Theil ihrer freien Electricität an das Goldblättchen ab und stösst dasselbe dann ab. Nähern wir aber die Siegellackstange dem Blättchen, welches mit der Glasstange in Berührung war, so erfolgt keine Abstossung, sondern eine Anziehung, und dasselbe erfolgt, wenn wir die Glasstange dem Blättchen nähern, welches mit der Siegellackstange in Berührung gewesen ist. Daraus folgt, dass die Glasstange und die Siegellackstange durch das Reiben mit Wolle zwar beide freie Elec-

tricität erlangt haben, dass aber diese in der einen die
entgegengesetzte sein muss, als in der anderen. Man bezeichnet nun diejenige Electricität, welche das Glas durch
Reiben mit Wolle annimmt, als die positive, und demgemäss die, welche das Siegellack annimmt, als die negative.

Welche von beiden Electricitäten ein Körper beim Reiben annimmt,
hängt hauptsächlich von seiner Natur, aber auch von der des Reibzeu-
ges und anderen Umständen ab. So wird Glas beim Reiben mit fast
allen Körpern positiv electrisch, Harz fast stets negativ electrisch, weshalb man auch die positive Electricität Glaselectricität, die negative
Harzelectricität genannt hat. Aber Glas mit Katzenfell gerieben
wird negativ electrisch und ebenso wird mattgeschliffenes Glas beim
Reiben mit anderen Körpern fast stets negativ electrisch. Auch glattes
Glas erlangt durch Erhitzen auf 100° C. und darüber die Eigenschaft,
beim Reiben mit Wolle negativ electrisch zu werden. Ebenso können
tropfbar flüssige und elastisch flüssige Körper durch Reibung electrisch
werden und den an ihnen geriebenen Körper electrisch machen. So
wird durch Reiben von Quecksilber an Glas Electricität frei, und durch
Reibung von Wasserdampf an festen Körpern erhält man sehr beträchtliche Mengen freier Electricität, worauf die Armstrong'sche Hydroelec-
trisirmaschiene beruht.

§. 3. Ein Stückchen Blattgold an einem Schellackfaden befestigt und mit diesem horizontal aufgehängt, wie
wir es zu unseren obigen Versuchen benutzten, ist wegen
seiner grossen Beweglichkeit ein sehr geeignetes Mittel um
die Existenz anziehender oder abstossender Kräfte anzuzei-
gen; und wenn es mit einer bekannten, beispielsweise positiven Electricität geladen ist, so zeigt es auch an, welcher
Art die in einem Körper durch Reiben frei gewordene Electricität ist. Denn stösst dieser Körper das Blättchen ab,
so muss er selbst positiv electrisch sein, negativ dagegen,
wenn er das Blättchen anzieht. Bei einem mit negativer
Electricität geladenen Blättchen würde es natürlich gerade

umgekehrt sein. Ein solches Instrument nennt man ein
Electroscop, oder insofern man aus der Kraft, mit wel-
cher die Abstossung erfolgt, auch auf die Menge der freien
Electricität schliessen kann, ein Electrometer.

Auf diesem Wege kann man beweisen, dass beim
Reiben niemals eine einzelne Electricität allein
frei wird, sondern dass die beiden an einander
geriebenen Körper stets die entgegengesetzten
Electricitäten annehmen, u. z. der eine genau so
viel positive, als der andere negative. Durch
die Reibung wird also keine Electricität erzeugt, es wird
nur die Vertheilung derselben in den an einander geriebenen Körpern geändert, dergestalt dass der eine einen Ueberschuss von positiver, der andere einen Ueberschuss von negativer Electricität erhält.

§. 4. Fasst man eine Stange Metall mit der Hand
und reibt sie mit einem Stücke wollenen Zeuges, so wird
sie sich bei der Prüfung durch das Electroscop unelectrisch
zeigen, d. h. sie wird weder das positiv noch das negativ
geladene Goldblättchen abstossen. Befestigt man dagegen
die Metallstange an einer Handhabe von Glas oder Siegellack und reibt sie jetzt mit der Vorsicht, sie niemals
direct mit der Hand zu berühren, so wird sie sich electrisch
verhalten u. z. positiv. Die geringste Berührung mit der
Hand reicht aus, ihr die freie Electricität vollständig zu
rauben, sie sogleich wieder unelectrisch zu machen. Das
Gleiche erfolgt, wenn man sie mit einem Draht, von irgend
einem Metall, mit Baumwolle, Papier und dergleichen berührt. Dagegen scheint sie nichts von ihren Eigenschaften
einzubüssen, wenn man sie mit Glas, Harz, Seide berührt.

Diese Thatsachen führen zu der Ansicht, dass die
Körper sich in Bezug auf die Electricität verschieden ver-

halten, indem die einen nicht im Stande sind, die in ihnen erregte Electricität zurückzuhalten, es sei denn, dass sie nur mit Körpern der andern Art in Berührung sind. Man erklärt sich diese Erscheinung so, dass man sagt, die erste Klasse von Körpern, wozu also die Metalle, die Leinen- und Baumwollenfaser, der menschliche Körper u. A. gehö-ren, hat die Eigenschaft, dass die Electricität leicht von einem Theilchen zum anderen übergeht, während dies bei der zweiten Klasse nur schwer oder gar nicht der Fall ist. Die Körper der ersten Klasse nennt man daher Leiter der Elec-tricität, die der anderen Nichtleiter oder Isolatoren. Wird ein Leiter gerieben, indem man ihn in der Hand hält, so kann er natürlich nicht electrisch werden, denn jede Spur von freier Electricität, welche in ihm erregt wird, wird auch sofort von Theilchen zu Theilchen des Metalles bis zur Hand und durch den menschlichen Körper zur Erde fortge-leitet. Anders natürlich bei einem Nichtleiter, wo die an einer Stelle durch Reiben erzeugte Electricität auf dieser Stelle bleibt, gleichgültig ob man denselben an einer anderen Stelle mit der Hand hält oder nicht. Ebenso erklärt sich hieraus, wie ein Leiter durch Reibung electrisch gemacht werden kann, wenn man ihn nur mittelst nichtleitender Handhaben anfasst, warum ein electrisch gemachter Leiter sogleich unelectrisch wird, wenn man ihn mittelst eines an-deren Leiters berührt u. s. w.

Die Eintheilung der Körper in Leiter und Nichtleiter ist keine absolute, insofern es hier, wie überall in der Natur allmähliche Ueber-gänge giebt. Alle Metalle, Kohle, Wasser und alle wässrigen Lösungen, die meisten Gesteine und Erden, die thierischen und pflanzlichen Theile u. A. sind Leiter; Siegellack, Glas, alle Harze, Schwefel, Wachs, vul-canisirter Cautschuc und viele andere Nichtleiter. Die Luft gehört natürlich unter die Nichtleiter, da sonst die in ihr befindlichen Körper sogleich unelectrisch werden müssten, doch leitet auch die Luft, wenn sie nicht ganz trocken ist und zwar um so besser, je mehr Wasserdampf sie enthält. Auch Glas leitet etwas, besonders wenn sich an seiner Oberfläche Wasserdampf niedergeschlagen hat. Man pflegt daher die zum Isoliren dienenden Glassäulen noch mit Schellack zu überziehen, welcher weniger hygroscopisch ist als Glas.

§. 5. Isolirt man eine metallische Kugel gut, indem man sie an einer trockenen seidenen Schnur aufhängt oder auf einem Glasfusse aufstellt, so kann man derselben mit Hülfe einer Electrisirmaschiene, das heisst einer Scheibe von Glas, welche zwischen zwei fest gegen sie gepressten Kissen mittelst einer Kurbel in Umdrehung versetzt wird, grosse Mengen freier Electricität mittheilen und so die Eigenschaften derselben genauer studiren. Nähert man zunächst dieser Kugel eine andere isolirte bis zur Berührung, so wird man finden, dass die zweite ebenfalls electrisch geworden und zwar mit der nämlichen Electricität geladen ist. Man kann sich hiervon sehr leicht überzeugen, wenn man an der Kugel zwei leichte Kügelchen von Hollundermark mittelst eines leinenen Fadens befestigt. Indem diese sich ebenfalls mit der Electricität der ersten Kugel laden, stossen sie sich gegenseitig ab, und wenn man sie mittelst eines isolirenden Handgriffes abhebt und ihnen eine geriebene Glasstange nähert, so wird man finden, dass sie die nämliche Electricität besitzen, als die erste Kugel hatte.

Wenn bei diesem Versuche auch an der ersten Kugel zwei Hollundermarkkügelchen befestigt sind, so bemerkt man, dass dieselben auch nach der Berührung noch divergiren, aber nicht mehr so stark als vorher. Es ist also während der Berührung ein Theil der freien Electricität von der ersten Kugel auf die zweite übergegangen. Um jedoch die Menge zu bestimmen, welche von der ersten

auf die zweite übergegangen ist, müssen wir ein Mittel
haben, Electricitätsmengen mit Genauigkeit zu messen.
Ein solches Mittel besitzen wir in dem kleinen Goldblättchen, das uns schon mehrfach gedient hat. Wird dieses
nämlich mit seinem Schellackfaden (der wie man sieht nur
den Zweck hat, das Blättchen zu isoliren) an einem feinen
Metalldraht oder Coconfaden aufgehängt, so nimmt es bald
einen festen Stand an, aus dem es nicht gebracht werden
kann, ohne dass der Draht tordirt wird. Nun ist aber
der Winkel, um welchen ein Draht tordirt wird, direct proportional der tordirenden Kraft. Stellt man nun neben das
Goldblättchen ein anderes, mit Electricität geladenes, so
geht ein Theil der Electricität von dem festen auf das bewegliche Blättchen über, und dieses wird jetzt, da es mit
derselben Electricität geladen ist, abgestossen. Da nun
aber durch diese Abstossung die Entfernung der beiden
Goldblättchen, also auch die Kraft mit welcher sie auf einander wirken, sich ändert, so kann man aus der Ablenkung
keine directen Schlüsse auf die Electricitätsmengen machen.
Dreht man nun aber den Knopf, an welchem der Metalldraht befestigt ist, zurück, bis die beiden Goldblättchen
sich wieder berühren, so ist klar, dass die Torsion des
Drahtes und die Abstossung durch die Electricität sich gerade aufheben, also gleich und entgegengesetzt gerichtet
sind. Der Winkel, um welchen man den Knopf zurück-
drehen musste, giebt also ein Maass für die dem Goldblättchen mitgetheilte Electricitätsmenge. Ein solches Instrument nennt man nach seinem Erfinder eine Coulomb'sche
Drehwage oder ein Coulomb'sches Electrometer.

Berührt man nun die mit Electricität geladene Kugel
A mit einem solchen isolirten Goldblättchen, stellt dieses
neben das bewegliche Goldblättchen der Drehwage und

notirt den Winkel, um welchen man den Knopf zurückdre-
hen muss, bis die Goldblättchen sich wieder berühren, berührt dann die Kugel A mit einer ihr ganz gleichen B und
prüft jetzt abermals an der Drehwage, indem man beide
Goldblättchen erst ableitend berührt, um ihnen die vom
früheren Versuch noch vorhandene Electricität zu nehmen,
das feste Goldblättchen an die Kugel A anlegt und wieder
neben das bewegliche stellt, so findet man, dass dieses
jetzt weniger abgelenkt wird, und dass man den Knopf·
nur um die Hälfte des früheren Winkels zurückzudrehen
braucht, um die Goldblätter, wieder voneinander zu bringen. Die Kugel A muss also bei der Berührung an B die
Hälfte ihrer freien Electricität abgegeben haben. In der
That, prüft man B ganz auf die nämliche Weise, so wird
man finden, dass sich auf beiden Kugeln genau gleiche
Electricitätsmengen befinden müssen, denn wenn man das
feste Goldblättchen an B anlegt, so lenkt es das bewegliche um denselben Winkel ab, als vorher, und man muss
abermals den Knopf um den gleichen Winkel zurückdre-
hen, wenn die Goldblättchen wieder zusammenkommen
sollen.

§. 6. Da die Electricität in einem Leiter sich frei
bewegen kann, und da die Theilchen einer und derselben
Electricität sich gegenseitig abstossen, so folgt daraus, dass
die in einem isolirten Leiter vorhandene Electricität ganz
und gar auf seiner Oberfläche angehäuft sein muss.
Denn die einzelnen Electricitätstheilchen werden einander
so lange abstossen, bis sie an der Oberfläche des Leiters
angelangt sind, wo sie natürlich bleiben müssen, da sie
nicht in die nichtleitende Luft übergehen können. Man
kann sich hiervon durch den Versuch überzeugen, indem

man irgend einen Leiter, etwa eine Metallkugel, ladet und
dann über dieselbe zwei genau anschliessende Halbkugel-
schalen von Blech schiebt, die man an isolirenden Griffen
hält. Beim Zurückziehen derselben wird man finden, dass
die Kugel vollkommen unelectrisch ist, und dass
sämmtliche Electricität derselben auf die Kugelschalen
übergegangen ist. Dasselbe würde auch mit einem Leiter
von irgend einer anderen Gestalt der Fall sein. Die ge-
sammte Electricität also, welche einem Leiter mitgetheilt
wird, sammelt sich in Gestalt einer dünnen Schicht an dessen Oberfläche an. Hat man nun zwei Leiter von ähnlicher Gestalt, aber verschiedener Oberfläche, etwa zwei Kugeln von verschiedenem Durchmesser, und theilt beiden die
gleiche Electricitätsmenge mit, so wird diese auf verschieden grosse Oberflächen vertheilt sein. Auf dem gleichen
Flächenraum, etwa 1 ☐ Cm. wird also bei der kleineren
Kugel mehr Electricität vorhanden sein, als bei der grösseren. Man nennt nun diejenige Electricitätmenge, welche
auf der Einheit des Flächenraums vorhanden ist, die
Dichte der Electricität, und man kann daher sagen, dass
wenn Kugeln von verschiedenen Oberflächen mit gleichen
Electricitätsmengen geladen sind, die Dichten sich umgekehrt verhalten wie die Oberflächen oder, was dasselbe ist,
umgekehrt wie die Quadrate der Radien.

Indem die dem leitenden Körper mitgetheilte freie
Electricität durch die gegenseitige Abstossung ihrer Theilchen sich auf der Oberfläche des Körpers ansammelt, bildet sie hier eine Schicht von sehr geringer Dicke. Die
Dicke dieser Schicht wird aber abhängen von der Grösse
der Oberfläche und der Menge der auf ihr angesammelten
Electricität. Es ist also diese Dicke eigentlich nichts Anderes, als ein anderer Ausdruck für das, was wir soeben

als die Dichte der freien Electricität an der Oberfläche
der Körper definirt haben. Da nun diese freie Electricität
auf der Oberfläche des Leiters nur zurückgehalten wird
durch die Unmöglichkeit in die nichtleitende Umgebung
überzugehen, so steht sie unter einem von Innen nach
Aussen wirkenden Druck, welcher der Dichte der freien
Electricität direct proportional ist. Man bezeichnet diesen
Druck als die Spannung der freien Electricität, und wenn
diese Spannung sehr beträchtlich wird, so vermag sie den
Widerstand der isolirenden Luft zu überwinden, und der
Leiter verliert einen Theil seiner Electricität. Es ist daher
unmöglich einem Körper freie Electricität in unbegrenzter
Menge zuzuführen, sondern wenn die Spannung oder Dichte
der Electricität an seiner Oberfläche so gross geworden
ist, dass sie den Widerstand des umgebenden Medium
überwindet, so wird alle Electricität, die man ihm noch zu
führt, entweichen.

Von diesen Thatsachen kann man sich mittelst der
Drehwage überzeugen, denn wenn man verschiedene Kugeln mit denselben Electricitätsmengen ladet und sie mit
dem Probescheibchen berührt, (so wollen wir fortan
das feste Goldblättchen der Drehwage nennen, dessen ab-
stossende Wirkung auf das bewegliche beobachtet wird),
so muss man, um die Goldblättchen wieder zur Berührung
zu bringen, den Knopf des Electrometers um Winkel drehen, welche den Quadraten der Radien umgekehrt proportional sind. Dabei ist es ganz gleichgültig, an welcher
Stelle einer Kugel man das Probescheibchen anlegt, man
würde stets dieselbe Ablenkung erhalten. Prüft man jedoch einen mit freier Electricität geladenen Leiter von anderer Gestalt, etwa einen Cylinder mit abgerundeten End-
flächen, so wird man finden, dass das Probescheibchen

eine viel grössere Electricitätsmenge aufnimmt, also das bewegliche Goldblättchen viel stärker abgelenkt wird und nur
durch eine stärkere Drehung des Knopfes in seine Lage zurück-
gebracht werden kann, wenn man es an die Enden des Cylinders anlegt, als wenn man ihn in seiner Mitte berührt.
Während also bei der Kugel die Dichte der Electricität
überall auf ihrer Oberfläche dieselbe ist, ist sie an den
verschiedenen Stellen des Cylinders verschieden, und das
letztere findet auch bei allen Körpern von irgend welcher
anderen Gestalt statt.   Sind die Körper lang im Verhältniss zu ihrer Dicke, so sammelt sich die Electricität hauptsächlich an ihren Enden an.   Vorzugsweise aber sind es
die convexen Partien der Oberflächen und noch mehr die
vorspringenden Kanten und Spitzen, wo die Electricität
sich anhäuft, und sie kann hier sogar eine solche Spannung erlangen, dass sie den Widerstand der Luft überwindet und ausströmt, bis der Leiter ganz unelectrisch
geworden ist.   Man muss daher allen Körpern, welche zu
electrischen Versuchen dienen sollen, möglichst abgerun-
dete Ecken geben, wenn die freie Electricität sich in ihnen
erhalten soll.

Capitel II.

Von der Vertheilung der Electricität und einigen auf derselben beruhenden Instrumenten.

---

§. 7. Nähert man einen isolirten mit freier Electricität geladenen Leiter A einem anderen ebenfalls isolirten Leiter B, an welchem an verschiedenen Stellen kleine Hollunder-markkügelchen aufgehängt sind, bis zu einer gewissen Ent-fernung, so wird man finden, dass dieser zweite Leiter ebenfalls electrische Eigenschaften annimmt, indem die an ihm befestigten Hollundermarkkügelchen divergiren. Je-doch findet dies nicht auf allen Punkten des zweiten Lei-ters gleich stark statt, sondern am meisten an den Puncten, welche dem electrischen Körper A am nächsten, oder von ihm am entferntesten sind, und je näher der Mitte, um so schwächer, während endlich die gerade in der Mitte aufgehängten Kügelchen unbewegt bleiben. Sowie man den Leiter A entfernt, ist B wieder vollkommen unelectrisch und so kann man den Versuch öfter hintereinander wie-derholen, vorausgesetzt, dass man sich hütet, die beiden Leiter jemals in Berührung zu bringen.

Um nun zu erfahren, von welcher Art die Electricität sei, welche in dem Leiter B durch die Annäherung des Leiters A erregt wird, prüfen wir dieselbe mittelst des Electroscops. Wir berühren den Leiter B, während der mit freier Electricität geladene Leiter A in seiner Nähe steht, mit dem Probescheibchen und nähern dieses dem beweglichen Goldblättchen der Drehwage, welches wir vorher mit einer bestimmten Electricität, etwa positiver, geladen haben. Je nachdem dann das Goldblättchen abgestossen oder angezogen wird, muss die zu prüfende Electricität ebenfalls positiv oder negativ sein. So ausgeführt zeigt der Versuch, dass die an den. beiden Enden von B angehäufte Electricität von entgegengesetzter Art ist, und zwar findet sich stets in dem Ende von B, welches A zugewandt ist, die entgegengesetzte Electricität, als in A selbst, in dem von A abgewandten Ende des Leiters B dagegen ist die gleiche Electricität enthalten als in A.

Aus diesem Befunde können wir uns über den Vorgang, welcher bei Annäherung des Leiters A an den Leiter B Statt hat, folgende Vorstellung machen. Die in A angehäufte freie Electricität wirkt auf die beiden in gleichen Mengen vorhandenen natürlichen Electricitäten in B, sie zieht die ungleichnamige an und stösst die gleichnamige ab. Diese müssen sich also vorzugsweise in den Enden von B anhäufen, die gleichnamige in dem von A abgewandten, die ungleichnamige in dem A zugewandten Ende. In der Mitte wird gar keine freie Electricität sein können. Entfernt man A, so vereinigen sich die getrennten Electricitäten in B wieder, der Körper ist wieder neutral oder unelectrisch.

§. 8. Mit dieser Vorstellung ausgerüstet, wollen wir versuchen, die Erscheinungen weiter zu verfolgen. Wir

vertauschen zunächst den Leiter B mit einem anderen, ihm
ganz ähnlichen, welcher jedoch aus zwei trennbaren Theilen besteht. Wir stellen jetzt den beispielsweise mit positiver Electricität geladenen Körper A so neben dem theil-
baren Leiter auf, dass seine Theile B_1 und B_2 mit A in
einer geraden Linie liegen und zwar sei B_1 der A zuge-
wandte Theil. Es wird sich dann die freie negative Electricität in B_1, die positive in B_2 ansammeln. Wenn wir
nun, während A an seinem Platze bleibt, B_1 und B_2 von
einander trennen, und jetzt A entfernen, so können die
durch die Einwirkung von A von einander geschiedenen
Electricitäten in B_1 und B_2, obgleich der Einwirkung von
A entzogen, sich dennoch nicht vereinigen; B_1 und B_2
bleiben geladen und zwar mit verschiedenen Electricitäten.
Wir haben also durch die Wirkung der freien Electricität
in A zwei andere Körper electrisch gemacht, ohne dass A
dabei eine Spur seiner Electricität eingebüsst hätte. Man
nennt dies Electricitätserregung durch Vertheilung
oder Influenz, und die Wirkung, welche ein electrischer
Körper auf die in seiner Nähe befindlichen Leiter ausübt,
die vertheilende oder influenzirende Wirkung der
freien Electricität, weil die neutral-electrische, das heisst in
gleichen Mengen vorhandene positive und negative Electricität in dem influenzirten Körper anders vertheilt worden
ist, so dass jetzt jede einzeln als freie Electricität zur Wirkung kommt. Auch folgt aus dieser Vorstellung, dass wenn
man die Leiter B_1 und B_2 auch nur für einen Augenblick
in Berührung bringt, sie wieder vollkommen unelectrisch
werden müssen, was die Erfahrung auch bestätigt.

Denken wir uns nun wieder, wie in unserem ersten
Versuch den mit positiver Electricität geladenen Leiter A
dicht neben dem unelectrischen Leiter B aufgestellt. Es

wird dann die in B vorhandene natürliche Electricität zum
Theil zerlegt, es sammelt sich die positive Electricität an
dem von A entfernten, die negative an dem A zugewandten Ende von B an. Berühren wir nun B ableitend, so
entweicht die positive Electricität desselben nach dem Erdboden. Dagegen bleibt die negative Electricität, welche in
dem A zugewandten Ende von B angehäuft ist, da sie von
der positiven Electricität in A angezogen wird, an ihrer
Stelle. Die positive Electricität in A und die negative
Electricität in B verhalten sich also, obgleich sie in getrennten Körpern sich befinden, gewissermaassen ähnlich,
wie die beiden natürlichen Electricitäten in einem und demselben Körper. Sie binden sich gegenseitig und zwar
natürlicher Weise um so inniger, je näher die beiden Körper einander sind. Hebt man nun die Verbindung von B
mit der Erde auf, und entfernt dann A, so verbreitet sich
die bisher in dem A zugewandten Ende von B angehäufte
Electricitätsmenge über den ganzen Körper B und vertheilt
sich auf demselben in Gemässheit seiner Gestalt. Es ist
dies also eine zweite Art, wie man durch Vertheilung
oder Influenz eines electrischen Körpers A einen anderen
B electrisch machen kann, ohne dass A dadurch das Geringste von seiner Electricität einbüsst.   .

Aus dieser Wirkung der Electricität erklärt sich auch
eine Erscheinung, welche bei electrischen Körpern meist
zuerst in die Augen fällt, nämlich die Anziehung unelec-
trischer Körper. Nähert man einem leichtbeweglich aufgehängten unelectrischen Körper A einen anderen mit freier,
beispielsweise positiver Electricität geladenen Körper B,
so werden die natürlichen Electricitäten in A vertheilt. In
dem B zugewandten Theile von A häuft sich die negative,
in dem abgewandten Theile die positive Electricität an.

Da nun die erstere dem positiven-Körper B näher ist, als die letztere, so überwiegt die Anziehung jener über die Abstossung dieser, und der ganze Körper A wird von B angezogen. Kommen beide zur Berührung, so neutralisiren sich die negative Electricität von A und ein Theil der positiven von B gegenseitig, A bleibt positiv geladen und B hat einen Theil seiner positiven Electricität eingebüsst. Es ist dies die genauere Zergliederung des Vorganges, welchen wir im vorigen Capitel als Mittheilung der Electricität kennen gelernt haben.

Auf der vertheilenden Wirkung der freien Electricität beruhen verschiedene Einrichtungen und Apparate, mit denen wir uns jetzt bekannt machen wollen:

§. 9. Zunächst die sogenannten Einsauger an den Electrisirmaschienen. Eine Electrisirmaschiene besteht nothwendiger Weise aus drei Theilen: 1. Dem durch Reibung electrisch zu machenden Körper (eine Glasscheibe oder Glascylinder oder auch eine Platte vulcanisirten Kautschuks); 2. dem Reibzeug, meist bestehend aus einem mit Zinkamalgam[1]) bestrichenen Lederkissen. Gewöhnlich

---

[1]) Bunsen (Gasometrische Methoden 51) empfiehlt als sehr wirksam folgendes Amalgam: Man erhitze 2 Theile Quecksilber in einem gewöhnlichen Probirgläschen und löse darin unter stetem Umrühren ein Theil dünnes Zinkblech und ein Theil Stanniol auf. Das erhaltene Amalgam schmelze man noch 6—8 Mal unter stetem Umrühren um, damit es recht geschmeidig werde, und streiche es auf ein Stück dickes Seidenzeug. Reibt man damit eine 2 Fuss lange und 1½ Zoll dicke Porzellanröhre, so erhält man binnen wenigen Secunden eine genügende Menge Electricität, um eine kleine Kleist'sche Flasche (Siehe §. 11) stark zu laden. Beim Reiben lege man das Seidenzeug so um die Röhre, dass die reibende Fläche nur halb mit Amalgam bedeckt ist.

bringt man zwei solche Kissen an, welche die Scheibe zwischen sich fassen und mittelst Federn und Schrauben gegen dieselbe gepresst werden; 3. dem Conductor, das heisst einem durch Glasfüsse wohl isolirten Leiter (Kugel oder Cylinder mit abgerundeten Enden, von Metallblech oder auch von Holz und mit Staniol beklebt), welcher die in der Glasscheibe erzeugte Electricität aufnehmen soll. Dieser Conductor nun ist mit zweien oder mehren Spitzen versehen, welche nahe an der Glasscheibe stehen, da wo diese das Reibzeug verlässt. Ist nun das Reibzeug zur Erde abgeleitet, und man dreht die Glasscheibe mittelst der Kurbel, so wird sie positiv electrisch. Diese positive Electricität zieht in der ihr gegenüber stehenden Spitze die negative Electricität aus dem Conductor an, und stösst die positive ab. Die negative Electricität aber erlangt in der Spitze nach den oben besprochenen Gesetzen eine solche Dichte, dass sie den Widerstand der Luft überwindet, die dünne Luftschicht zwischen Spitze und Glas durchbricht, sich mit der positiven Electricität der Glasscheibe verbindet und diese neutralisirt. So wird die Glasscheibe immer wieder unelectrisch, während der Conductor sich mit positiver Electricität ladet.

§. 10. Ein zweites wichtiges Instrument, das sich auf Vertheilung gründet, ist der Condensator, erfunden von VOLTA. Er dient dazu, kleine Mengen freier Electricität erkennbar zu machen, was bei vielen wichtigen Versuchen von grosser Bedeutung ist. Zu diesem Behuf verbindet man ihn mit einem sogenannten Goldblattelectroscop. Dieses kleine Instrument besteht aus einem Glase, durch dessen Hals ein Metalldraht gesteckt und mit Siegellack wohl befestigt ist, welcher oben in

einen Knopf endigt, unten aber, innerhalb des Glases zwei
schmale Streifen Blattgold trägt, welche parallel neben einander herunterhängen. Streicht man den Knopf mit einer
geriebenen Glas- oder Siegellackstange, so nehmen die Goldblättchen eine bestimmte Electricitätsmenge auf, stossen einander ab und nehmen daher eine mehr oder weniger diver-
girende Stellung an. Berührt man den Knopf ableitend, so fallen sie wieder zusammen. Der Antheil von Electricität, welchen die Goldblättchen aufnehmen, hängt ab von der Spannung
der Electricität auf dem berührenden Körper und dem Verhältniss ihrer Oberflächen. Ist nun dieser Antheil sehr gering, so reicht er nicht aus, der Schwere entgegen die
Goldblättchen zu einer merklichen Divergenz zu bringen.
Nun wollen wir den Knopf des Electroscops entfernen und
statt dessen den Condensator befestigen. Dieser besteht
aus zwei Platten von Metall, der unteren, welche auf dem
Electroscop festgeschroben wird und welche auf ihrer oberen Fläche mit einer dünnen Schicht eines gut isolirenden
Firnisses überzogen ist, und der oberen, welche auf ihrer
oberen Fläche mit einem isolirenden Handgriff versehen
ist. Setzt man die obere Platte auf die untere auf und berührt diese untere mit einem positiv electrischen Körper,
während man die obere in leitende Verbindung mit der
Erde bringt, so nimmt die untere Platte einen kleinen
Theil positiver Electricität auf. Diese zieht in der oberen
Platte die negative Electricität an und stösst die positive
Electricität ab, welche nach dem Erdboden entweicht. Die
in der oberen Platte angezogene negative Electricität wirkt
nun aber ihrerseits wieder anziehend auf die positive Electricität der unteren Platte und bindet sie, so dass diese
keine freie Spannung erlangt. In Folge dessen kann die
untere Platte noch mehr freie positive Electricität aus dem

Leiter aufnehmen, diese zieht wieder die negative Electricität der oberen Platte an und stösst die positive ab, welche nach dem Erdboden entweicht u. s. f. Man sieht, dass
auf diese Weise die untere Platte weit mehr Electricität
aus dem Leiter aufnimmt, als sie sonst thun würde, und
dass in der oberen Platte eine entsprechende Menge Electricität von entgegengesetztem Vorzeichen frei wird. Hebt
man nun die Verbindung der oberen Platte mit dem Erdboden auf und entfernt dieselbe mittelst des isolirenden
Handgriffes, so divergiren die Goldblättchen des Electro-
scopes jetzt sehr stark.

Mit Hülfe der vertheilenden Wirkung der freien Electricität kann man auch sehr leicht entscheiden, von welcher
Art eine irgendwie erzeugte Electricität ist. Wir berühren
mit dem electrischen Körper den Knopf des Electroscops
und die Goldblättchen divergiren. Wir nähern nun eine
geriebene Glasstange dem Knopfe des Electroscops langsam aus der Ferne und sehen die Divergenz der Goldblättchen entweder grösser oder kleiner werden. Im ersteren
Falle muss die zu prüfende Electricität positiv, im letzteren negativ sein. Ist nämlich das Electroscop mit positiver Electricität geladen, so wird diese bei Annäherung des
Glasstabes, welcher ja ebenfalls freie positive Electricität
enthält aus dem Knopf nach den Goldblättchen getrieben,
hier wird also die Spannung vermehrt, und die Divergenz
wächst. Ist jedoch das Electroscop mit negativer Electricität geladen, so wird diese durch die positive Electricität
des Glasstabes nach dem Knopfe hingezogen, in den Goldblättchen wird die Spannung vermindert, und die Divergenz nimmt ab.

§. 11. Auf demselben Princip wie der Condensator
beruht die Leydener oder KLEIST'sche Flasche, mit

Hülfe deren man beträchtliche Electricitätsmengen ansammeln kann, um dann deren Wirkung zu studiren. Sie besteht aus einer Flasche oder einem Glase, welches aussen und innen mit einer leitenden Substanz, etwa Stanniol bis zu einer gewissen Höhe belegt ist. Der Rand ist ausserdem noch zur besseren Isolation mit Schellack, überzogen und die innere Belegung läuft in einen in der Mitte des Glases stehenden und etwas über dessen Rand hervorragenden metallenen Knopf aus. Setzt man die äussere Belegung in Verbindung mit der Erde und legt den Knopf an den Conductor der Electrisirmaschiene, so geht die positive Electricität auf die innere Belegung über, zersetzt die natürliche Electricität der äusseren Belegung, zieht die negative an und stösst die positive ab, welche nach der Erde entweicht. Man ist somit im Stande auf der inneren Belegung grosse Mengen positiver und auf der äusseren eine entsprechende Menge negativer Electricität anzusammeln. Verbindet man dann die äussere nnd innere Belegung durch einen Leiter, so vereinigen sich die entgegengesetzten Electricitäten wieder in der Form des electrischen Stromes, von welchem und seinen Wirkungen im folgenden Capitel die Rede sein soll.

Um zu berechnen wie stark die Ladung sein kann, die eine Leydener Flasche annimmt, nennen wir die der inneren Belegung zugeführte Electricitätsmenge $+$ A. Diese bindet auf der äusseren Belegung eine Electricitätsmenge $-$ B. Da die beiden Belegungen um die Dicke der isolirenden Glasschicht von einander getrennt sind, so muss nothwendig $-$ B absolut genommen etwas kleiner sein als $+$ A. Wir wollen annehmen es sei $= \frac{99}{100}$ A. Dann bindet jedenfalls $-$ B auf der inneren Belegung eine positive Electricitätsmenge, welche absolut genommen gleich ist $\frac{99}{100}$ B. Es ist also auf der inneren Belegung an gebundener Electricität vorhanden $\frac{99}{100} \cdot \frac{99}{100}$ A $= \frac{9801}{10000}$ A, und an freier Electricität A $- \frac{9801}{10000}$ A $= \frac{199}{10000}$ A, was fast nahezu $\frac{1}{50}$ A ist. Von der ganzen der inneren Belegung zugeführten Electricität wird also nur $^1/_{50}$ frei sein, $^{49}/_{50}$ aber gebunden. Die innere Belegung wird also 50 mal mehr Electricität aufnehmen können, als ihr sonst vermöge ihrer Oberfläche möglich gewesen wäre. Das Verhältniss von B zu A, welches wir Beispiels halber gleich $^{99}/_{100}$ annahmen, wird natürlich, alles andere gleichgesetzt, von der Dicke der isolirenden Substanz abhängen und sich um so mehr der Einheit nähern, je dünner diese ist. Die ganze Betrachtung ist natürlich auch für die Condensatoren gültig.

Um sehr bedeutende Electricitätsmengen anzusammeln, muss man die Oberflächen der Belegungen möglichst vergrössern. Da sehr grosse Flaschen ausserordentlich unbequem wären, so verbindet man die äusseren und inneren Belegungen mehrer Flaschen unter einander. Eine solche Anordnung nennt man eine electrische Batterie.

§. 12. Das letzte Instrument, welches wir hier noch zu betrachten haben, ist der Electrophor, mit dessen Hülfe man sich in Ermangelung einer Electrisirmaschiene auf verhältnissmässig bequeme Weise grössere Electricitätsmengen verschaffen kann. Der Electrophor besteht aus einer Platte von Harz, dem sogenannten Kuchen [1]), welcher in einer Metallbüchse, der Form, enthalten ist, und einer Metallscheibe mit isolirendem Handgriff, dem Deckel, welcher jedoch einen geringeren Durchmesser haben muss, als der Kuchen. Man reibt diesen letzteren, welcher möglichst dünn sein muss, mit einem recht trockenen Katzenfell oder Fuchsschwanz, wodurch der Kuchen negativ electrisch wird. Setzt man nun den Deckel auf den Kuchen, so dass er nirgends die Form berührt, so zersetzt die negative Electricität des Kuchens die natürlichen Electricitäten in Form und Deckel. In der Form häuft sich die positive Electricität an der oberen, dem Kuchen zugekehrten Seite

---

[1]) Nach Berzelius's besteht eine gute Kuchenmasse aus 10 Theilen Gummilack, 3 Theilen Harz, 2 Theilen venetianischem Terpenthin, 2 Theilen Wachs und $^1/_2$ Theil Pech.

an, die negative an der unteren, im Deckel ist es natürlich
umgekehrt. Berührt man nun die Form ableitend, so entweicht deren negative Electricität nach dem Erdboden.
Stellt man jetzt eine leitende Verbindung zwischen Form
und Deckel her, so verbindet sich die negative Electricität des letzteren mit der positiven der ersteren, und der
Deckel behält nur die durch den Kuchen gebundene positive Electricität. Sobald man nun den Deckel an seinem
isolirenden Handgriff vom Kuchen abhebt, wird diese positive Electricität frei und kann auf eine Leydener Flasche
oder wohin man sonst will übertragen werden. Indem
man dieses Verfahren öfter wiederholt, kann man ganz beträchtliche Mengen positiver Electricität erhalten, ohne dass
der Kuchen merklich von seiner Wirksamkeit verliert.

Man kann noch verschiedene Modificationen in dem beschriebenen Verfahren anbringen, so z. B. Form und Deckel einzeln ableiten,
oder auch die Form ganz isoliren und nur den Deckel ableiten. Die
Vorgänge hierbei ergeben sich einfach aus den Gesetzen der Vertheilung. Sehr wirksame Electrophore hat man auch in neuerer Zeit aus
vulcanisirtem Kautschuk verfertigt. Beim Gebrauch des Electrophor hat
man besonders darauf zu achten, dass der Deckel niemals mit der Kante
allein den Kuchen berührt, weil sonst an dieser Stelle die Dichte der
positiven Electricität so gross werden würde, dass sie zum Kuchen
übergeben und sich mit der negativen Electricität desselben neutralisiren
würde.

Capitel III.

Von den electrischen Strömen und ihren Wirkungen.

—

§. 13. Wir haben bisher die Electricität nur im Zustande der Ruhe betrachtet, wo sämmtliche auf sie wir-
kende Kräfte sich im Gleichgewicht befanden. Jetzt wollen wir auf die Vorgänge eingehen, welche Statt haben,
wenn dieses Gleichgewicht gestört wird und die electrischen
Theilchen sich in Bewegung setzen, um die neue durch
die veränderten Bedingungen ihnen zukommende Gleichgewichtslage aufzusuchen.

Setzt man einen mit positiver Electricität geladenen
und isolirten Conductor durch einen Leiter, beispielsweise
einen Metalldraht in Verbindung mit der Erde, so wird
der Conductor unelectrisch, indem seine ganze Electricitätsmenge nach der Erde entweicht, wo sie wegen der unendlich grossen Oberfläche eine so geringe Dichte erlangt,
dass sie unmerklich wird. Was ist nun in dem Leiter vor-
gegangen, während sich die Electricität des Conductor
durch ihn hindurch nach der Erde zu bewegte?

Um hierüber zu einer klaren Vorstellung zu gelangen, wollen wir uns den leitenden Draht denken als zusammengesetzt aus lauter parallelen Scheiben oder Querschnitten welche sämmtlich senkrecht auf der Längsaxe des Drahtes stehen, und welche wir der Reihe nach mit 1, 2, 3, u. s. f., vom Conductor aus nach der Erde hin gezählt, bezeichnen wollen.

Im ersten Moment der Berührung nun wird die freie Electricität des Conductor die natürlichen Electricitäten im Querschnitt 1 zersetzen, die negative anziehen und die positive abstossen. Die angezogene negative Electricität wird sich mit einem Bruchtheil der positiven Electricität des Conductor verbinden und diesen neutralisiren; der Conductor hat also einen Theil seiner freien Electricität eingebüsst und dafür ist der Querschnitt 1 mit einer gleichen Menge positiver Electricität geladen.

Im zweiten Zeitmoment wird nun die freie Electricität des Querschnittes 1 wieder vertheilend wirken auf die natürlichen Electricitäten des Querschnittes 2, sie wird dessen negative Electricität anziehen und sich mit ihr neutralisiren, während der Querschnitt 2 mit positiver Electricität geladen bleibt.

Im dritten Zeitmoment wird sich zwischen dem Conductor und dem Querschnitt 1, welcher ja jetzt wieder unelectrisch geworden ist, derselbe Vorgang wiederholen wie im ersten, und gleichzeitig wird zwischen dem Querschnitt 2 und dem Querschnitt 3 dasselbe Statt finden, was im zweiten Zeitmoment zwischen den Querschnitten 1 und 2 Statt fand. Und so wird der Process immer weiter fortgehen und sich in jedem Zeitmoment auf einen Querschnitt mehr fortpflanzen, bis er an der Erde anlangt. Aus dieser wird der letzte Querschnitt negative Electricität aufnehmen, um sich mit ihr zu neutralisiren, die dadurch frei gewordene positive Electricität der Erde wird natürlich unmerklich sein. Da nun aber der letzte Querschnitt von dem vorletzten wieder positive Electricität empfängt, dieser wieder vom drittletzten u. s. f., so wird der ganze Vorgang nicht eher ein Ende haben können, als bis sämmtliche freie Electricität vom Conductor und dem Draht verschwunden und beide wieder unelectrisch geworden sind.

Wenn man sich nun die Querschnitte, in welche wir den Draht zerlegt haben, unendlich dünn und die einzelnen Zeitmomente unendlich kurz denkt, so sieht man, dass der ganze Vorgang darin besteht, dass continuirlich freie positive Electricität in der Richtung vom Conductor zur Erde, freie negative Electricität dagegen in der Richtung von der Erde zum Conductor sich fortpflanzt. Dabei ist es ganz gleichgültig, ob man sich vorstellt, wie wir gethan haben, dass die in einem Querschnitt auftretende freie Electricität in diesem durch Vertheilung von dem vorhergehenden Querschnitt entstanden ist, oder direct von dem vorhergehenden auf diesen übergegangen, denn das schliessliche Resultat bleibt dadurch ungeändert.

Denken wir uns nun den Conductor statt mit positiver mit negativer Electricität geladen, so wird der Vorgang ganz der nämliche sein, nur dass jetzt die negative Electricität in der Richtung vom Conductor zur Erde, die positive dagegen von der Erde zum Conductor sich fortpflanzt. Einen solchen Vorgang nun, in welchem sich die beiden Electricitäten mit gleichen Geschwindigkeiten in entgegengesetzter Richtung durch denselben Leiter bewegen, nennt man einen electrischen Strom, und man nennt Richtung des electrischen Stromes diejenige, in welcher sich die positive Electricität fortpflanzt, indem es sich von

selbst versteht, dass die negative sich dann in entgegengesetzter Richtung bewegen muss.

§. 14. Wenn wir nun zwei Conductoren nehmen,
von denen der eine mit positiver, der andere mit negativer
Electricität geladen ist, und diese durch einen leitenden
Draht in Verbindung setzen, so wird in dem Draht wesentlich derselbe Vorgang stattfinden, als hätten wir jeden der
Conductoren einzeln mit der Erde in Verbindung gesetzt.
Von der Seite des positiven Conductor her wird durch die
Vertheilung von Querschnitt zu Querschnitt eine Bewegung
der positiven Electricität vom Conductor nach der Mitte
des Drahtes zu, und eine Bewegung der negativen Electricität von der Mitte nach dem Conductor zu stattfinden;
umgekehrt wird sich auf der Seite des negativen Conductor die negative Electricität nach der Mitte zu, die positive
dagegen von der Mitte nach dem Conductor hin bewegen.
In der Mitte selbst werden die von beiden Seiten kommenden entgegengesetzten Electricitäten sich gegenseitig
neutralisiren. Man sieht also, dass der electrische Strom
in beiden Hälften des Drahtes ein und dieselbe Richtung hat
nämlich von dem positiven nach dem negativen Conductor hin.

Statt zweier einzelnen mit positiver und negativer
Electricität geladener Conductoren kann man sich bei diesem letzten Versuche natürlich mit Vortheil einer Leydener
Flasche oder einer Batterie bedienen, da die beiden Belegungen einer solchen ja nur zwei Conductoren vorstellen,
welche ausserordentlich stark mit positiver und negativer
Electricität geladen sind. In der That, wenn wir diese
durch einen Leiter mit einander verbinden, so erhalten wir
einen Strom von der positiven zur negativen Belegung und
eines so erzeugten Stromes bedient man sich daher vorzugsweise zu den Versuchen über den electrischen Strom.

§. 15. Die Wirkungen der electrischen Ströme
sind sehr mannichfaltige. Wir wollen hier eine kurze
Uebersicht derselben geben, indem wir diejenigen, welche
für unsere Zwecke ein besonderes Interesse haben, später
noch ausführlich werden zu besprechen haben.

Wenn man eine Leydener Flasche mit einem s. g.
Auslader, d. h. einem Bogen von Metall, welcher mit einem
isolirenden Handgriff versehen ist, entladet, indem man das
eine Ende des Ausladers an die äussere Belegung bringt,
und das andere der inneren Belegung allmählich nähert,
so bemerkt man, dass wenn der Auslader dem Knopf der
inneren Belegung bis auf eine bestimmte Entfernung sich
genähert hat, plötzlich ein Funke überspringt, der je
nach der Stärke der Ladung mehr oder weniger hell leuch-
tet und zugleich von einem Schall begleitet ist. Indem
nämlich durch die Vertheilung schon während der Annäherung des Ausladers auf diesem sich die entgegengesetzte
Electricität ansammelt, als auf dem Knopf der Flasche,
erlangt die Electricität eine solche Dichte, dass sie endlich den Widerstand der Luft überwindet, und diese unter
Lichtentwickelung und Schallerregung durchbricht. Die
Entfernung, bei der dies geschieht, nennt man die Schlag-
weite. Sie hängt natürlich von der Stärke der Ladung ab.

Giebt man dem Auslader eine solche Einrichtung, dass man das
eine seiner Enden in beliebiger Entfernung von dem Knopf der inneren
Belegung feststellen kann, und führt dieser fortwährend Electricität zu
(indem man sie mit dem Conductor einer in Bewegung gesetzten Electrisirmaschiene verbindet), so erhält man natürlich jedesmal einen Funken und also auch einen Strom, sobald die Ladung diejenige Stärke
erlangt hat, welche der gewählten Entfernung entspricht. Auf diese
Weise ist man im Stande, eine Anzahl Ströme von stets derselben
Stärke nach einander zu erhalten. Eine solche Flasche nennt man eine
Lane'sche Maassflasche. Verbindet man die äussere Belegung
einer isolirten Flasche oder Batterie mit der inneren Belegung einer

Maassflasche, deren äussere Belegung zur Erde abgeleitet ist, so werden beide gleichzeitig geladen, sobald man der inneren Belegung der ersten Flasche oder Batterie Electricität zuführt. Die auf der äusseren Belegung dieser ersten abgestossene gleichnamige Electricität begiebt sich nämlich zur inneren Belegung der Maassflasche. Hat die Ladung in dieser eine bestimmte Stärke erreicht, so springt ein Funke über und die Maassflasche entladet sich. Die Anzahl der überspringenden Funken ist also ein directes Maass für die Stärke der Ladung, welche man der ersten Flasche oder Batterie mitgetheilt hat.

Bringt man in der Leitung, welche die innere und äussere Belegung verbindet, noch eine Unterbrechungsstelle an, so kann auch hier die Electricität mit Funkenbildung überspringen, wenn die Entfernung nicht zu gross ist. Schiebt man statt der Luftschicht irgend einen anderen Isolator ein, so wird dieser durchbrochen, falls die Ladung stark genug ist. Bringt man in die Unterbrechungsstelle einen leicht entzündbaren Körper, wie Aether, Schiesspulver u. s. w., so wird er entzündet. Knallgas verbindet sich, wenn der Funke durchschlägt, sogleich zu Wasser.

Wenn man die beiden Enden des Leiters sich nicht genau gegenüberstellt und ein Kartenblatt dazwischen schiebt, so wird dieses stets an der Stelle durchbohrt, wo die negative Electricität herkommt. Es ist dies also ein Mittel, um die Richtung eines Stromes zu bestimmen, wenn sie sonst unbekannt ist.

Flüssigkeiten, welche den Strom leiten, wie Wasser, Säuren und Basen, Salzlösungen, werden durch den electrischen Strom in ihre Bestandtheile zerlegt. Die Gesetze dieser chemischen Wirkung des Stromes werden wir später genauer betrachten.

Leitet man den Strom durch feine Drähte, so werden diese erwärmt und wenn der Strom stark ist, verbogen und zersplittert.

Leitet man den Strom durch Spiralen von Draht, in deren Inneren sich Stahlnadeln befinden, so werden diese magnetisirt. Die Richtung der Magnetisirung ist nicht constant. Man kann daher dieses Mittel nicht zur Bestimmung der Stromesrichtung benutzen.

Leitet man den Strom bei einer Magnetnadel vorbei, so wird diese abgelenkt, so dass sie sich senkrecht zur Richtung des Stroms zu stellen sucht. Von dieser Wirkung wird später ausführlich die Rede sein.

Leitet man den Strom durch den menschlichen Körper, so fühlt man einen erschütternden Schlag, welcher je nach der Stärke des Stroms mehr oder minder heftig ist. Ein in den Strom eingeschalteter Muskel geräth in Zuckung. Leitet man den Strom so durch den Körper, dass er in der Nähe des Auges ein- oder austritt, so sieht man einen Blitz Von diesen und anderen physiologischen Wirkungen kann hier nicht genauer gehandelt werden, da ihre Betrachtung der eigentlichen Physiologie anheimfällt.[1])

---

[1]) Von einer Form des electrischen Stromes muss hier noch besonders die Rede sein, weil sie zur Entdeckung der thierischen Electricität und der Electricitätserregung durch Contact Veranlassung gegeben hat. Nähert man nämlich einem mit der Erde in leitender Verbindung stehenden Conductor A, einen anderen mit freier Electricität geladenen B, so wird in A die ungleichnamige Electricität angezogen, die gleichnamige abgestossen, welche nach der Erde entweicht. Entzieht man nun plötzlich dem Conductor B seine Electricität so wird die Electricität in A sich, da sie jetzt nicht mehr gebunden ist, mit der der Erde ausgleichen, der Leiter also von einem Strom durchflossen werden. Diese Erscheinung wurde zuerst beim Gewitter beobachtet und mit dem Namen des Rückschlages bezeichnet. Denken wir uns nun den Leiter B durch einen Muskel ersetzt, so wird dieser jedesmal zucken, sobald A durch Berührung unelectrisch wird. Galvani, welcher diesen Vorgang zuerst beobachtete, glaubte die Ursache in einer den thierischen Theilen selbst innewohnenden Electricität suchen zu müssen. Durch seine und Volta's fernere Untersuchungen wurde diese Beobachtung die Quelle zweier grosser Wissenschaften.

Viertes Capitel.

Von der Electricitätserregung durch Contact und den continuirlichen electrischen Strömen.

———

§. 16. Wir haben bisher unter den Mitteln, die electrischen Flüssigkeiten von einander zu trennen, nur die
Reibung betrachtet. Indem wir nun einige andere als für
unsere Zwecke weniger wichtig übergehen, wenden wir uns
zur Betrachtung der Electricitätserregung durch
Contact. In der That genügt es, dass zwei Leiter, welche nicht homogen sind, einander berühren, um die natürlichen Electricitäten in ihnen zu zersetzen und den einen
positiv, den anderen negativ electrisch zu machen.

Man nehme eine Kupfer- und eine Zinkplatte, beide
mit isolirenden Handgriffen versehen, und auf einer Seite
glatt polirt, lege sie mit diesen Seiten auf einander und
berühre die äusseren Flächen beider ableitend. Trennt
man sie jetzt mittelst der isolirenden Handgriffe und prüft
sie einzeln am Electroscop mit Hülfe des Condensator, so
wird man die Zinkplatte positiv, die Kupferplatte negativ
electrisch finden. Es versteht sich von selbst, dass bei

diesem Versuche die eine Condensatorplatte von demselben
Metalle sein muss, wie das, womit sie berührt wird, weil
sonst schon durch diese Berührung Electricität frei würde.
Durch die Berührung beider Platten in diesem Versuch ist an der Berührungsfläche eine Scheidung der Electricitäten in beiden Platten vor sich gegangen. Man hat
sich zu denken, dass die positive Electricität der Zink- und
die negative Electricität der Kupferplatte nach der Berührungsfläche hingezogen worden sind und sich dort gegenseitig gebunden haben. Durch die ableitende Berührung
wurden die freigewordene positive Electricität der Kupfer-
und die negative der Zinkplatte entfernt. Bei der Trennung der Platten werden dann die früher an der Berührungsfläche sich bindenden Electricitäten frei und können
am Condensator nachgewiesen werden.

Statt mit Zink und Kupfer kann man denselben Versuch auch mit anderen Leitern anstellen, immer wird der
eine positiv, der andere negativ electrisch werden. Nach
VOLTA wird in der folgenden Reihe jeder Körper positiv,
wenn er mit einem ihm in der Reihe folgenden berührt
wird und dieser selbst negativ, und zwar um so stärker, je
weiter die beiden Körper in der Reihe auseinander stehen.
Diese Reihe, welche man mit dem Namen der Spannungsreihe bezeichnet, lautet: Zink, Blei, Zinn,
Eisen, Wismuth, Kupfer, Platin, Gold, Silber,
Kohle, Reissblei, verschiedene Kohlenarten und
krystallisirter Braunstein.

§. 17. Auch die Berührung fester Körper mit Flüssigkeiten bewirkt eine Vertheilung der Electricität; so werden alle Metalle, wenn sie in destillirtes Wasser oder verdünnte Säuren getaucht werden, negativ electrisch, während

die Flüssigkeit positiv electrisch wird. Die Stärke dieser Wirkung ist bei verschiedenen Metallen und verschiedenen Flüssigkeiten verschieden. So wird Zink in verdünnter Schwefelsäure viel stärker negativ, als Kupfer. Stellt man nun ein Stück Zink und ein Stück Kupfer gleichzeitig in ein Glas mit verdünnter Schwefelsäure, so überwiegt die positive Electricität, welche die Flüssigkeit in Berührung mit dem Zink annimmt, so über die negative Electricität, welche das Kupfer, wenn es allein in der Flüssigkeit wäre, annehmen würde, dass auch das Kupfer freie positive Electricität annimmt. Es sei z. B. die negative Spannung, welche Zink in verdünnter Schwefelsäure annimmt, gleich − 100, also die der Schwefelsäure gleich + 100, ferner die Spannung des Kupfers in Schwefelsäure gleich − 10, so wird also, wenn Zink und Kupfer zugleich in Schwefelsäure stehen, die Spannung des Kupfers sein müssen gleich − 10 + 100 = + 90, und ebenso die des Zinks gleich − 100 + 10 gleich − 90.

Man nennt nun die Spannung, welche zwei Körper erlangen, wenn sie in einer und derselben Flüssigkeit stehen, die electromotorische Kraft dieser Combination. Man kann die Metalle in eine Reihe ordnen, in welcher jedes mit einem ihm in der Reihe folgenden combinirt negativ electrisch wird und zwar ist die electromotorische Kraft zwischen zwei Gliedern der Reihe stets die Summe der electromotorischen Kräfte aller zwischen ihnen in der Reihe befindlichen Glieder. Dieses wichtige Gesetz ist durch genaue Versuche von POGGENDORFF festgestellt worden und nach diesen Versuchen ist diese Spannungsreihe für verdünnte Schwefelsäure folgende: Zink, Zinn, Blei, Eisen, Kupfer, Silber, Platin, Kohle.

Die electromotorische Kraft zwischen Zink und Kupfer ist, wie wir
oben sahen, gleich 90. Die Spannung, welche Eisen in verdünnter
Schwefelsäure annimmt, ist gleich — 40. Mithin ist die electromotorische Kraft zwischen Zink und Eisen gleich 100 — 40 = 60; und die
zwischen Eisen und Kupfer gleich 40 — 10 = 30. Also ist die electromotorische Kraft zwischen Zink und Eisen plus der electromotorischen
Kraft zwischen Eisen und Kupfer gleich der electromotorischen Kraft
zwischen Zink und Kupfer. Und dies gilt auch für alle übrigen Glieder
der Spannungsreihe.

Eine solche Combination von zwei Metallen in einer
Flüssigkeit nennt man eine offene Kette. Verbindet
man die beiden Metalle ausserhalb der Flüssigkeit durch
einen Draht, so heisst die Kette geschlossen. Den die
Metalle verbindenden Draht nennt man den Schliessungsbogen. In diesem Falle vereinigen sich die beiden
entgegengesetzten Electricitäten durch den Draht hindurch
mit einander, dieser wird also von einem electrischen Strom
durchflossen. Während aber die durch Reibungselectricität hervorgebrachten Ströme nur so lange andauern, bis
die vorher auf den Conductoren angesammelten Electricitäten sich neutralisirt haben, dauert bei den durch Contact
verursachten Strömen die Ursache der verschiedenen Spannung der Metalle immer fort, wir erhalten also in dem sie
verbindenden Leiter einen dauernden Strom, welcher
nicht eher ein Ende hat, als bis die letzte Spur des einen
Metalls von der Flüssigkeit aufgelöst ist. Man kann aber
diese Ströme beliebig unterbrechen und wieder herstellen,
wenn man die leitende Verbindung zwischen den Metallen
unterbricht oder wieder herstellt. Wenngleich also die
Spannung, welche die Metalle in der Flüssigkeit erlangen,
nur äusserst geringfügig gegen diejenige ist, welche man
durch Reibung herstellen kann, wenn also auch in derselben
Zeit sich sehr viel geringere Electricitätsmengen durch den

Schliessungsbogen bewegen, so sind doch viele Wirkungen der electrischen Ströme mit Hülfe der Contactströme deutlicher und stärker zu erzielen, eben wegen ihres gleichmässigen Anhaltens. Uebrigens werden wir bald Mittel kennen lernen, die Wirkungen dieser Ströme wesentlich zu verstärken.

Ueber die Richtung, welche der Strom im Schliessungsbogen hat, kann man nicht zweifelhaft sein, da er stets von dem in der Spannungsreihe später stehenden Metall zu dem früher stehenden gerichtet sein muss. In der in Fig. 1 abgebildeten Kette sind Kupfer und Zink als die beiden Metalle gedacht; der Strom geht hier im Schliessungsbogen vom Kupfer zum Zink. Da nun aber durch die Wirkung des Contacts fortwährend negative Electricität aus der Flüssigkeit zum Zink, und positive Electricität vom Zink zur Flüssigkeit und von dieser zum Kupfer sich bewegt, so circulirt also auch in der Flüssigkeit ein Strom und zwar vom Zink zum Kupfer, also in entgegengesetzter Richtung als im Schliessungsbogen. Es ist dieser Umstand ein wichtiges Unterscheidungsmerkmal zwischen den Contact- oder galvanischen Strömen und den durch Reibungselectricität erzeugten, da die ersteren nur bestehen können in einem vollständig zum Kreise geschlossenen System von Leitern, während bei den Strömen durch Reibungselectricität die Leitung immer an einer Stelle durch einen Nichtleiter unterbrochen sein muss.

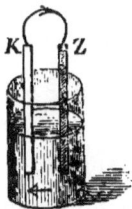

Um zu bezeichnen, dass der Strom im Schliessungsbogen die Richtung vom Kupfer zum Zink habe, nennt man das hervorragende Ende des Kupfers den positiven, das des Zinks den negativen Pol. Da aber bekanntlich Zink durch Berührung mit Kupfer positiv

electrisch wird, so nennt man das Zink auch das positive und das
Kupfer das negative Metall. Man darf sich hierdurch nicht irre führen
lassen, sondern merke sich ein für alle Mal die Regel, dass in der
Flüssigkeit der Strom stets vom positiven zum negativen Metall gerichtet ist, im Schliessungsbogen also umgekehrt, dass also das negative Metall stets den positiven Pol bildet.

Eine Combination zweier Metalle in einer und derselben Flüssigkeit, wie sie Fig. 1 darstellt, nennt man eine
einfache Kette. Man kann die Wirkung derselben aber
wesentlich verstärken, wenn man eine Anzahl solcher
Ketten zu einer zusammengesetzten Kette vereinigt,
indem man immer den positiven Pol der einen Kette mit
dem negativen der folgenden verbindet. Der negative Pol
der ersten und der positive Pol der letzten bleiben dann
frei. In diesem Zustande heisst dann die zusammengesetzte Kette offen. Es summiren sich dann die Spannungen,
welche in jedem Element das Zink und das Kupfer erlangen, indem die Spannung eines jeden Elementes durch
Leitung auch den benachbarten mitgetheilt wird, so dass
die Pole der Kette eine viel grössere Spannung erlangen,
als in einem Element allein. Verbindet man die freien
Pole durch einen Schliessungsbogen, so muss man also in
diesem einen stärkeren Strom erhalten.

§. 19. In einer offenen Kette, sei dieselbe nun eine
einfache oder zusammengesetzte, hat jeder Pol freie Electricität von einer gewissen Spannung und zwar ist diese, wie
sich aus dem Vorhergehenden ergiebt, an jedem Pol absolut genommen gleich, aber von entgegengesetzten Vorzeichen an beiden Polen. Verbindet man die Pole durch
einen Schliessungsbogen, so gleichen sich die Spannungen
durch denselben ganz in derselben Weise ab, wie wir dies
im dritten Capitel bei den durch Reibungselectricität

erzeugten Strömen entwickelt haben, nur mit dem einzigen
Unterschiede, dass die durch Abgleichung verloren gegangene electrische Spannung durch die electromotorische
Kraft stets wieder erneuert wird. Es herrscht also an den
beiden Polen stets eine bestimmte Spannung, wie sie der
electromotorischen Kraft der Kette entspricht, und die wir
für den positiven Pol + a, für den negativen Pol — a nennen wollen. Die Spannung + a am positiven Pol wird in
dem ihr zunächst gelegenen Querschnitte die natürlichen
Electricitäten vertheilen, sich mit der negativen vereinigen,
die positive frei machen. Dadurch erhält also dieser
Querschnitt ebenfalls freie positive Electricität, die aber
jedenfalls um ein Wenig kleiner sein muss, als + a. Diese
freie Electricität des ersten Querschnittes wirkt nun wieder
auf den zweiten vertheilend und dieser erhält wieder freie
Electricität, die abermals ein wenig kleiner ist, als die des
ersten Querschnittes und so fort in jedem folgenden Querschnitte. Ganz dasselbe findet natürlich auch mit der negativen Electricität auf der Seite des negativen Poles statt.
Es muss also von den beiden Polen hin nach der Mitte
des Schliessungsbogens die Spannung (d. h. auf der einen
Seite die positive, auf der andern die negative) immer
kleiner werden, in der Mitte selbst aber muss die Spannung Null sein. Es ist nun leicht zu sehen, wie auf diese
Weise ein stetiges Fortbewegen positiver Electricität in
der Richtung vom positiven zum negativen Pol, und ein
stetiges Fortbewegen negativer Electricität in der Richtung
vom negativen zum positiven Pol zu Stande kommt. Mithin circulirt in dem Schliessungsbogen ein stetiger electrischer Strom vom positiven zum negativen Pol.

§. 20. Hat man eine Kette zusammengestellt und
schliesst und öffnet dieselbe, indem man den Schliessungs-

bogen aus zwei Theilen macht, die man mit einander in
Berührung bringt und wieder von einander trennt, so sieht
man bei der Trennung einen Funken, allerdings von viel
geringerer Intensität, als bei den durch Reibungselectricität
entstehenden. Am hellsten noch wird der Funke, wenn
die Schliessung und Oeffnung in Quecksilber geschieht, indem man den einen Leitungsdraht des Schliessungsbogens
in Quecksilber leitet, und den andern abwechselnd in dasselbe eintaucht und heraushebt. Das Quecksilber ver-
brennt dabei und bedeckt sich an der Stelle, wo der Draht
öfter herausgehoben wird, mit einer Oxydschicht. Dass
bei der Annäherung der Leitungsdrähte aneinander kein
Funke auftritt, hat seinen Grund in der zu geringen Spannung. Zusammengesetzte Ketten von tausend und mehr
Elementen geben auch starke Schliessungsfunken.

Leitet man den Strom mittelst eines gerad ausgespannten Drahtes parallel unter oder über einer Magnetnadel fort, so sieht man, dass diese abgelenkt wird, und
zwar je nach der Anzahl der Elemente um einen geringeren oder grösseren Winkel, bis sie zuletzt senkrecht auf
der Richtung des Stromes steht.

Die Richtung der Ablenkung ist aber gerade die entgegengesetzte, wenn man den Strom über, als wenn man
ihn unter der Nadel fortleitet und ebenso kehrt sich die
Richtung der Ablenkung um, wenn man bei unveränderter
Lage des Stromes zur Nadel, die Richtung des Stromes
in dem Drahte umkehrt, indem man das Ende, welches
mit dem positiven Pole in Verbindung war, mit dem negativen verbindet und umgekehrt. Um nun für jede Richtung
des Stromes und jede Stellung der Nadel zu demselben
leicht die Richtung der Ablenkung zu finden, ist die
AMPÈRE'sche Regel sehr bequem. Danach soll man sich denken,

es sei eine menschliche Figur in den Strom eingeschaltet und zwar so, dass dieser zu den Füssen ein und zum Kopf wieder austritt, und es habe diese Figur ihr Gesicht der Nadel zugewandt, dann wird stets der Nordpol der Nadel nach der Linken der Figur hingedreht. Es ergiebt sich aus dieser Regel, dass die einzelnen Theile eines Stromes, welcher im Kreise um eine Nadel herumgeleitet wird, alle in gleichem Sinne ablenkend auf die Nadel wirken, sich also in ihrer Wirkung gegenseitig verstärken. Ist nun der Strom sehr schwach, so muss die ablenkende Wirkung wesentlich verstärkt werden, wenn man denselben in mehrfachen Windungen wiederholt um die Nadel herumführt. Man hat nur dafür zu sorgen, dass der Strom alle Windungen nach einander durchfliesst, und nicht von einer auf die andere überspringt, indem man den leitenden Draht mit einer nicht leitenden Hülle umgiebt [1]). Ein solches Instrument, welches zur Erkennung schwacher Ströme und zur Bestimmung ihrer Richtung dient, nennt man dann einen Multiplicator, weil die Wirkung des Stromes auf die Nadel durch die vielen Windungen vervielfältigt wird. Um die Nadel recht leicht beweglich zu machen, hängt man sie an einem Coconfaden auf. Bei einer späteren Gelegenheit wird über den Bau dieses Instrumentes noch ausführlicher die Rede sein.

---

[1]) Man wendet zu diesem Zwecke mit Seide besponnene Drähte an, welche zur Vorsicht noch mit einem gut isolirenden Firniss überzogen werden. Für gewöhnliche Versuche reicht es aus, wenn die Leitungsdrähte mit in Wachs getränkter Baumwolle besponnen sind.

Capitel V.

Von der Electrolyse, der galvanischen Polarisation und den constanten Ketten.

———

§. 21. Lässt man die Leitungsdrähte des Schliessungsbogens in Platinbleche enden und taucht diese in ein Glas mit Wasser, so geht der Strom durch das Wasser, da dieses ein Leiter ist. Man sieht dann an den Platinblechen Gasblasen aufsteigen, welche man durch übergestülpte mit Wasser gefüllte Glocken auffangen kann. Man wird dann finden, dass am positiven Pol Sauerstoff, am negativen Pol Wasserstoff entwickelt wird, und beide in dem Verhältniss, in welchem sie im Wasser enthalten sind, nämlich zwei Volum Wasserstoff auf ein Volum Sauerstoff.

Während also der electrische Strom durch das Wasser hindurchgeht, zerlegt er dasselbe in seine Bestandtheile und diese treten im freien Zustande da auf, wo der Strom in das Wasser ein- oder aus demselben austritt.

Wie das Wasser verhalten sich auch andere zusammengesetzte Flüssigkeiten, welche den Strom leiten, wie

Lösungen von Salzen und dergleichen. Leitet man den Strom durch eine Salzlösung, so scheidet sich die Basis am negativen, die Säure am positiven Pol aus. Bei den Lösungen der Metallsalze wird aber die Basis selbst ebenfalls zersetzt und es lagert sich daher am negativen Pol das Metall ab, während der positive Pol, wenn er durch Säure angreifbar ist, aufgelöst wird. Leitet man den Strom durch Jodkalium, so wird Jod am positiven Pole ausgeschieden. Hat man daher das Jodkalium mit Stärkekleister angerieben, so entsteht am positiven Pole ein intensiv blauer Fleck, was man zur Erkennung schwacher Ströme und ihrer Richtung benutzen kann.

Um uns nun fernerhin verständlich zu machen, müssen wir hier die Namen angeben, welche Faraday in diesem Zweige der Electricitätslehre eingeführt hat, und deren wir uns fortan bedienen wollen. Die Körper, welche durch den Strom zersetzt werden, nennt man E l e c t r o l y t e, die metallischen Enden des Leitungsdrahtes, durch welche der Strom in den Electrolyten ein und aus demselben austritt, die E l e c t r o d e n (gleichsam Wege oder Thore der Electricität), und zwar heisst die Electrode, von welcher der Strom in den Electrolyten übertritt, die A n o d e, die andere dagegen die K a t h o d e. Die Bestandtheile des Electrolyten nennt man I o n e n, und zwar A n i o n denjenigen, welcher an der Anode, K a t i o n denjenigen, welcher an der Kathode auftritt.

Um sich nun eine Vorstellung von der Ursache der Electrolyse zu machen, muss man sich nach Grotthuss im Zusammenhang mit der electrochemischen Theorie von Berzelius denken, dass in einem zusammengesetzten Körper stets der eine Bestandtheil positiv, der andere negativ electrisch sei. Wird nun ein Strom durch den Elec-

trolyten geleitet, so ist seine erste Wirkung die, dass er
die Bestandtheile desselben so richtet, dass alle positiven
nach der Kathode, alle negativen nach der Anode hinsehen.

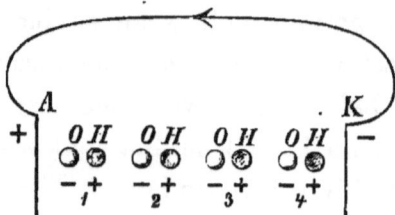

In Figur 2 stellt A die
Anode, K die Kathode
vor, der Pfeil deutet die
Richtung des Stromes an.
Von den Bestandtheilen
des Electrolyten nun, als
welcher hier Wasser ge-
dacht ist, sind alle Sauer-
stofftheilchen negativ, alle Wasserstofftheilchen positiv electrisch. Der Strom richtet sie daher so, dass die Wasserstofftheilchen nach der Kathode, die Sauerstofftheilchen nach
der Anode hinsehen. Nun zieht die Anode das negative
Sauerstofftheilchen des Wassermolekül 1 an und dieses wird
frei. Das erste Wasserstofftheilchen reisst nun das zweite
Sauerstofftheilchen an sich, das zweite Wasserstofftheilchen
das dritte Sauerstofftheilchen und so fort, bis das letzte
Wasserstofftheilchen endlich von der Kathode angezogen
wird. Es ist also an der Anode ein Atom Sauerstoff und
an der Kathode ein Atom Wasserstoff frei geworden, zugleich aber sind jetzt die positiven Wasserstoffmoleküle der
Anode und die negativen Sauerstoffmoleküle der Kathode
zugewandt. Diese Anordnung kann aber nicht bestehen,
sondern die Theilchen drehen sich wieder so, dass alle
Sauerstofftheilchen nach der Anode und alle Wasserstofftheilchen nach der Kathode hin gerichtet sind, worauf die
nämliche Zerlegung und Wiedervereinigung beginnt, wie
vorher, und so fort bis alles Wasser zersetzt ist.

§. 22. Aus je mehr Elementen die Kette zusammengesetzt ist, deren Strom man durch den Electrolyten sen-

det, um so lebhafter ist auch die Zersetzung. Sammelt man also die Zersetzungsproducte, so kann man aus der Menge derselben, welche in einer bestimmten Zeit entwikkelt werden, einen Schluss auf die durch die Flüssigkeit gegangene Electricitätsmenge machen. Ein solcher Zersetzungsapparat führt den Namen Voltameter. Figur 3 stellt ein solches dar. Das Glas b ist luftdicht mit einem Deckel verschlossen, durch welchen zwei gut isolirte Drähte gehen, an deren jedem im Inneren des Glases eine Platinplatte angelöthet

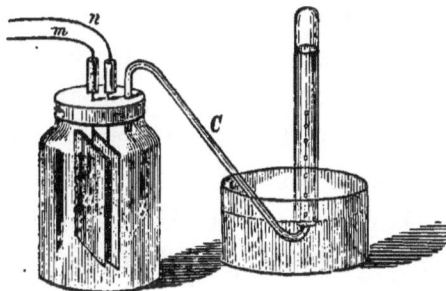

Fig. 3.

ist, und ausserdem das doppelt gebogene Rohr C. Das Glas wird mit Wasser gefüllt, welchem man, damit es besser leite, etwas Schwefelsäure zusetzt. Leitet man einen Strom durch das angesäuerte Wasser, indem man die Drähte m und n mit den Polen der Kette verbindet, so wird das Wasser zersetzt, und das entwickelte Knallgas geht durch das Rohr C, und kann in einer Glocke aufgefangen und gemessen werden.

Eine andere Art von Voltameter beruht darauf, dass man den Strom mittelst Kupferplatten durch eine gesättigte Lösung von schwefelsaurem Kupferoxyd leitet. Es lagert sich dann auf der die Kathode bildenden Platte metallisches Kupfer ab, während ein entsprechender Theil der Anode durch die dort frei werdende Säure aufgelöst und so die Flüssigkeit stets concentrirt erhalten wird. Wägt man dann die Kathode, so erfährt man durch die Gewichtszunahme, wie-

viel Kupfer während der Versuchszeit niedergeschlagen,
also auch wieviel Kupfervitriol zersetzt worden ist.

§. 23. Schaltet man zwei solche Voltameter hinter-
einander in den Schliessungsbogen einer und derselben,
Kette ein, so zeigt sich, dass die Menge des in derselben
Zeit zersetzten Wassers und die Menge des zersetzten
Kupfervitriols sich verhalten, wie die Atomgewichte dieser
Zahlen, oder mit anderen Worten, dass in der nämlichen
Zeit für je ein Atom freigewordenen Wasserstoff in dem
einen Voltameter genau ein Atom Kupfer in dem anderen
gefällt worden ist. Dieses sogenannte Gesetz der festen
electrolytischen Action ist nach den Untersuchungen
FARADAY's für alle anderen Verbindungen ebenfalls gültig.
Nun ergiebt aber eine einfache Betrachtung, dass durch
die verschiedenen Theile eines und desselben Kreises stets
gleiche Electricitätsmengen hindurchpassiren müssen, weil
ja sonst an einzelnen Stellen eine Stauung oder Anhäufung
freier Electricität stattfinden müsste, was doch nicht der
Fall ist. Wir können daher jenes Gesetz auch so aussprechen: Gleiche Electricitätsmengen zersetzen, wenn sie
durch einen Electrolyten gehen, eine gleiche Anzahl Atome
desselben, oder was dasselbe ist, die zersetzten Mengen
eines Electrolyten sind den durch denselben hindurchgegan-
genen Electricitätsmengen direct proportional.

Auf diese Weise sind wir also in den Stand gesetzt,
mit Hülfe des Voltameter die Electricitätsmengen, welche
eine Kette in einer bestimmten Zeit durch einen Schliessungsbogen sendet, genau zu messen. Wir können diese direct
mit einander vergleichen, indem wir irgend eine beliebige
Einheit festsetzen, und so wollen wir fortan die Einheit
der Electricitätsmenge diejenige nennen, welche in einer
Minute ein Cubiccentimeter Knallgas entwickelt.

§. 24. Wenn wir nun den Strom einer Kette durch das in Figur 3 abgebildete Voltameter leiten und von Zeit zu Zeit die Gasmengen bestimmen, welche in einer Minute entwickelt werden, so werden wir finden, dass diese immer geringer werden und zuletzt fast jede Gasentwickelung aufhört. Auch wird, wenn der Strom gleichzeitig durch einen Multiplicator geleitet wird, die Ablenkung der Magnetnadel immer geringer und zuletzt ganz Null werden. Es sind also die in gleichen Zeiten durch den Schliessungsbogen geschickten Electricitätsmengen immer kleiner geworden, je länger die Kette geschlossen blieb. Oeffnen wir jetzt die Kette und lassen sie längere Zeit offen stehen, so werden wir ganz denselben Vorgang erfolgen sehen, wenn sie wieder geschlossen wird, d. h. unmittelbar nach der Schliessung wird die entwickelte Gasmenge wieder bedeutend und die Ablenkung der Magnetnadel wieder gross sein, und beide werden allmählich wieder abnehmen, wenn die Kette dauernd geschlossen bleibt.

§. 25. Welches ist die Ursache dieser Inconstanz der Kette? Sie kann in der Kette selbst, oder im Voltameter oder in beiden zugleich ihren Sitz haben. Prüfen wir zunächst das Voltameter. Wir lassen den Strom einige Zeit hindurchgehen und verbinden dann schnell die Drähte des Voltameter mit einem Multiplicator, und wir werden finden, dass die Nadel desselben abgelenkt wird und einen Strom anzeigt, welcher im Voltameter gerade die entgegengesetzte Richtung hat, als der ursprüngliche Strom der Kette. Da dieser Strom vor der Verbindung des Voltameter mit der Kette nicht vorhanden war, so muss er erst durch die Wirkung des Stromes hervorgerufen worden sein. Die Ursache kann nun füglich in Nichts anderem liegen, als in der electrolytischen Wirkung des Stroms.

In Folge dieser ist nämlich die eine Platinplatte des Voltameter, welche als Anode gedient hat, mit Sauerstoff, die andere, welche als Kathode gedient hat, mit Wasserstoff bedeckt. Nun lässt sich aber nachweisen, dass eine Platinplatte mit Sauerstoff und eine Platinplatte mit Wasserstoff bedeckt sich gegen einander electromotorisch verhalten und zwar so, dass die mit Sauerstoff bedeckte zum negativen Metall wird, dass also der Strom in der Flüssigkeit von der mit Wasserstoff bedeckten zu der mit Sauerstoff bedeckten hin gerichtet ist. Es ist also gerechtfertigt, den im Voltameter auftretenden Strom auf diesen Umstand zu schieben, und es ist auch durch vielfache Versuche von verschiedenen Forschern bewiesen worden, dass die Gase wirklich die Ursache dieser Ströme sind.

Man nennt die solcher Gestalt durch die Wirkung des Stromes auftretenden Ströme secundäre oder Polarisationsströme, weil die Electroden des ursprünglichen oder primären Stromes durch diesen polarisirt, d. h. in den Stand gesetzt sind, selbst die Pole einer Kette zu bilden. Da dieser secundäre Strom dem primären entgegengesetzt gerichtet ist, so muss er diesen natürlich schwächen. Die Bedingungen zur Polarisation sind aber in der Kette selbst ebensogut gegeben, als im Voltameter. Denn da die Flüssigkeit der Kette ebenfalls ein Electrolyt ist, so wird auch sie zersetzt und die Metalle der Kette werden polarisirt. In der That, wenn man die Kette ohne Voltameter nur durch den Multiplicator schliesst, sieht man die Ablenkung der Nadel ebenfalls, wenn auch etwas langsamer, abnehmen und zuletzt Null werden.

§. 26. Es entsteht also zunächst die Aufgabe, sich Ketten zu verschaffen, welche von diesem Fehler frei sind,

welche ihre Wirkung lange Zeit hindurch in gleichem
Maasse behalten. Diese Aufgabe löste zuerst Daniell.
Später wurden noch andere constante Ketten construirt,
von denen wir die wichtigsten hier beschreiben wollen.

In der Daniell'schen Kette sind Zink und Kupfer die erregenden Metalle. Um nun die Polarisation zu
vermeiden, sind diese beiden Metalle in zwei verschiedene
Flüssigkeiten gesetzt, deren Vermischung durch eine po-
röse Scheidewand verhindert wird, während die Leitung
der Electricität durch sie nicht gehemmt wird.

Die Flüssigkeiten sind auf Seiten des Zinks verdünnte Schwefelsäure und auf Seiten des Kupfers eine
gesättigte Lösung von schwefelsaurem Kupferoxyd. Da
nun in dieser Combination der Strom vom Zink zum Kupfer geht, so wird am Zink Sauerstoff frei, welcher das
Zink oxydirt, das Zinkoxyd verbindet sich mit der Schwefelsäure und das so enstehende Zinksalz löst sich in der
Flüssigkeit auf. Am Kupfer wird Wasserstoff abgeschie-
den und Kupferoxyd aus der Zersetzung des Kupfersalzes.
Der Wasserstoff reducirt sogleich das Kupferoxyd, verbindet sich mit dem Sauerstoff desselben zu Wasser und das
metallische Kupfer lagert sich auf der Kupferplatte ab,
welche so stets mit einer Schicht frischen Kupfers überzogen bleibt. Um die Kupfervitriollösung stets concentrirt
zu erhalten, legt man in die Flüssigkeit einige Krystalle
dieses Salzes oder, was besser ist, man hängt in dieselbe
ein mit pulverisirtem Kupfervitriol gefülltes Florbeutelchen
hinein.

Fig. 4 (s. folg. S.) zeigt die Anordnung einer Daniell-
schen Kette, wie sie jetzt gebräuchlich ist, im Durchschnitte.

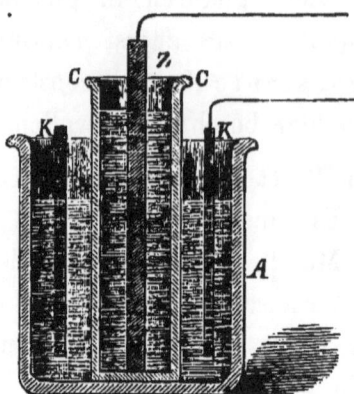

Das Glas A enthält die Lösung des schwefelsauren Kupferoxyds und das cylinderförmig zusammengerollte Kupferblech K. Im Inneren des Glases steht ein unten geschlossener Cylinder von poröser Thonmasse, welcher mit verdünnter Schwefelsäure gefüllt ist und den gegossenen Zinkcylinder Z aufnimmt. Die an dem Kupfer und dem Zink angelötheten Drähte dienen zur Ableitung des Stromes.

Fig. 4.

Fig. 5.   Fig. 6.

§. 27. Die constante Kette von Grove ist in Fig. 5 abgebildet. In ihr sind Zink und Platin die erregenden Metalle, das Zink steht wiederum in verdünnter Schwefelsäure, das Platin in rauchender Salpetersäure. Die letztere ist im Thoncylinder enthalten, der mit einem möglichst luftdicht schliessenden Deckel versehen ist, an welchem das Platinblech befestigt ist. Letzteres pflegt zur Vergrösserung der Oberfläche S förmig gekrümmt zu sein, wie Fig. 6 zeigt. Die Constanz der Kette kommt hier dadurch zu Stande, dass der galvanisch ausgeschiedene Wasserstoff die Salpetersäure zu salpetriger Säure reducirt, und sich mit dem Sauerstoff zu Wasser verbindet. Am Zink ist der Vorgang genau derselbe, wie bei der DANIELL-schen Kette.

Die BUNSEN'sche Kette unterscheidet sich von der GROVE'schen nur dadurch dass statt des Platins eine feste Kohle angewandt wird, welche man aus der in den Gasretorten zurückbleibenden Coake bereitet.

Ausser diesen sind noch eine Menge anderer Combinationen angegeben worden, welche mehr oder weniger vollkommen dem Zwecke entsprechen, die wir aber hier übergehen, da für wissenschaftliche sowohl als speciell für physiologische und practisch medicinische Zwecke die hier beschriebenen einfachen Combinationen immer die zweckmässigsten bleiben. Die DANIELL'sche Kette hat vor den anderen besonders den Vorzug der Billigkeit und Bequemlichkeit. Die GROVE'sche und BUNSEN'sche Kette sind nicht nur theurer in der Anschaffung, sondern auch im Betriebe wegen des starken Verbrauches an Salpetersäure; sie sind ausserdem lästig durch die starke Entwickelung salpetrigsaurer Dämpfe, für deren Fortführung daher besondere Vorkehrungen getroffen werden müssen. Sie haben aber den Vorzug grösserer Stärke. Es ist nämlich die electromotorische Kraft der GROVE'schen und BUNSEN'schen Kette $= 1,8$ der DANIELL'schen, also fast doppelt so gross. An einer späteren Stelle werden wir die Frage behandeln, in welchen Fällen die eine oder andere Combination den Vorzug verdient.

Das käufliche Zink ist stets stark mit anderen Metallen verunreinigt und an seiner Oberfläche niemals homogen. Dadurch bilden sich zwischen den einzelnen Theilchen des Zinkes, wenn es in die Säure eingetaucht wird, kleine galvanische Ketten, welche zu einer schnellen Zerstörung des Zinkes führen. Um dies zu verhindern, amalgamirt man das Zink, das heisst man überzieht es an seiner Oberfläche mit einer Schicht

von Zinkamalgam, welche die Ungleichartigkeiten zudeckt und überdies
noch bewirkt, dass das Zink eine noch grössere positive Spannung annimmt als in seinem gewöhnlichen Zustande. Das Amalgamiren geschieht am besten, indem man die Oberfläche durch verdünnte Schwefelsäure reinigt und dann eine Auflösung von Quecksilber in Königswasser
mittelst eines Pinsels aufträgt.') Nach dem Gebrauch der Ketten muss
man die Zinkkolben reinigen und trocknen, die Thoncylinder gut aus-
spülen und unter Wasser aufbewahren, welches öfter erneuert werden
muss. Die Stärke der anzuwendenden Schwefelsäure ist am passend-
sten zwischen 5 bis höchstens 10 Gewichtsprocenten des ersten Schwe-
felsäurehydrates zu wählen.

§. 28. Wie in der Kette selbst, so ist natürlich auch
im Schliessungsbogen Veranlassung zur Polarisation gegeben, wenn derselbe nicht ganz und gar metallisch ist, sondern aus einer Abwechselung von Metallen und Electrolyten besteht. Dieser Fall ist aber bei der Anwendung der
Electricität in der Physiologie die Regel. Soll man zum
Beispiel einen Strom durch einen Nerven leiten, so würde
beim Anlegen zweier Drähte an den Nerven, da der Nerv
aus electrolytischen Substanzen besteht, offenbar eine Aus-
scheidung der Anionen an dem einen, der Kationen an dem
anderen Drahte eintreten. Hierdurch würden jene Drähte
nicht nur polarisirt werden, sondern es könnten überdies
noch die ausgeschiedenen Ionen irgend welche nicht beab-
sichtigte Einwirkungen auf den Nerven äussern. Darum
ist es für genauere physiologische Versuche von der grössten Wichtigkeit, die Polarisation ganz zu vermeiden. Man erreicht dies durch Combinationen, welche geeignet sind, die ausgeschiedenen Ionen sogleich fortzuschaffen. Solche Combinationen bezeichnet man als unpolarisirbare Electroden.

') Man bereitet diese Auflösung indem man 4 Theile Quecksilber in
   5 Theilen Salpetersäure und 15 Theilen Salzsäure unter gelindem
   Erwärmen auflöst und dann noch 20 Theile Salzsäure zusetzt.

Von allen den Combinationen, welche zu diesem Behuf empfohlen worden sind, erfüllt nur eine nach den sorgfältigen Untersuchungen DU BOIS-REYMOND's ihren Zweck wirklich. Es ist dies die von J. REGNAULD empfohlene, amalgamirtes Zink in einer Auflösung von schwefelsaurem Zinkoxyd. Setzt man zwei Platten von amalgamirtem Zink in Zinkvitriollösung, verbindet sie mit den Polen einer Kette, lässt den Strom einige Zeit hindurchgehen und verbindet dann durch eine geeignete Vorrichtung die Platten schnell mit den Enden eines empfindlichen Multiplicator, so erhält man keinen Ausschlag der Nadel, was bei Anwendung anderer Metalle und anderer Flüssigkeiten stets der Fall ist. Um nun mit Hülfe jener Combination einen Strom durch thierische Theile, zum Beispiel einen Nerven, zu leiten, füllt man nach DU BOIS REYMOND zwei Glasröhrchen mit der Zinkvitriollösung, welche unten durch Stopfen von plastischem Thon geschlossen sind, denen man leicht jede für den besonderen Fall geeignete Form geben kann. In die Röhrchen taucht man die amalgamirten Zinkbleche, an welche Kupferdrähte zur Verbindung mit der Kette angelöthet sind. Den Thon rührt man mit einer einprocentigen Kochsalzlösung an, welche den Nerven nicht beschädigt. Er gestattet der Zinkvitriollösung so wenig den Durchtritt, das man solche Electroden viele Stunden gebrauchen kann, ohne dass der Nerv darunter leidet.

Wie DU BOIS-REYMOND nachgewiesen hat, entsteht auch an der Berührungsstelle zweier ungleichartiger Electrolyte und im Inneren poröser mit Electrolyten getränkter Leiter (zu welchen auch der Nerv gehört) Polarisation. Diese lässt sich bei den Versuchen natürlich nicht ausschliessen. Sie ist aber im Vergleich zu der Polarisation, welche an metallischen Electroden auftritt, sehr schwach.

Capitel VI.

Von der Messung der Stromstärke, dem Ohm'schen Gesetz und dem Widerstande.

——   •

§. 29. Nachdem wir uns jetzt in den Besitz constanter Ketten gesetzt haben, sind wir im Stande, genauere Untersuchungen über die Wirkung der Ströme zu machen. Die Wirkung einer Kette hängt offenbar, alles andere gleich gesetzt, ab von der Spannung, welche ihre Pole im ungeschlossenen Zustande haben, da diese Spannung die Ursache ist, welche die Bewegung der Electricitäten im Schliessungsbogen veranlasst. Diese Spannung hängt aber ab von der Art der die Kette zusammensetzenden Metalle und Flüssigkeiten, und der Anzahl der Elemente. Wir wollen diese Spannung die electromotorische Kraft der Kette nennen.

Schliessen wir nun die Kette durch irgend einen Schliessungsbogen, so werden die beiden Electricitäten sich durch diesen mit um so grösserer Geschwindigkeit bewegen, je grösser die electromotorische Kraft ist. Wir haben früher gesehen, dass die in einer bestimmten Zeit durch

einen Querschnitt des Kreises strömende Electricitätsmenge
an jeder Stelle des Kreises gleich sein muss, und da wir
von unseren jetzigen Ketten voraussetzen, dass sie constant
sind, das heisst dass zu allen Zeiten die Geschwindigkeit
der Electricitäten im Kreise die nämliche ist, so können
wir bei Vergleichung verschiedener Ströme als Einheit diejenige Electricitätsmenge zu Grunde legen, welche
in der Zeiteinheit durch den Querschnitt des
Kreises fliesst. Wir wollen diese Electricitätsmenge
die Stärke oder die Intensität des Stromes nennen
und fortan mit J bezeichnen. Diese Stromstärke muss
also unseren obigen Bemerkungen gemäss, der electromotorischen Kraft der Kette direct proportional sein:

$$J = K \cdot E$$

wo E die electromotorische Kraft und K eine Constante
bedeutet, deren Sinn uns gleich näher beschäftigen soll.

Um nun die Stromstärke zu messen, dazu können
wir uns des Voltameters bedienen, da, wie wir gesehen haben, die in diesem ausgeschiedenen Knallgasmengen den
durchgegangenen Electricitätsmengen, also auch der Stromstärke direct proportional sind. Zwar wird durch die im
Voltameter auftretende Polarisation der ursprüngliche Strom
geschwächt, allein diese Schwächung erreicht sehr bald einen constanten Werth und könnte daher in Rechnung gezogen werden. Auch können wir uns des Kupfervoltame-
ters bedienen, wo die Polarisation sehr gering ist. Alle
diese Instrumente haben aber den Nachtheil, dass sie den
Werth der Stromstärke erst nach längerer Zeit angeben,
und ausserdem werden die Wägungen der Kupferplatten,
wenn sie oft gemacht werden sollen, sehr beschwerlich.
Wir wollen uns daher nach einem bequemeren Maass für
die Stromstärke umsehen. Als solches bietet sich uns die
Ablenkung der Magnetnadel dar.

§. 30. Wird eine Magnetnadel durch die Wirkung
eines Stromes aus dem magnetischen Meridian abgelenkt,
so steht sie unter dem Einfluss zweier Kräfte, des Erdmagnetismus, der sie wieder in den Meridian zurückzufüh-
ren strebt, und des Stromes, welcher sie senkrecht darauf
zu stellen sucht. Sei nun in Fig. 7
NS die Richtung des magnetischen
Meridians, a b die Grösse und Richtung der erdmagnetischen Kraft T,
a c die Grösse und Richtung der auf
den Meridian senkrechten Kraft des
Stromes dessen Intensität $= J$ ist, a d
die Richtung, welche die Nadel unter dem vereinten Einfluss beider annimmt und α und β die Winkel, welche die Nadel mit den beiden Kräf-
ten macht, so sind, wenn man diese

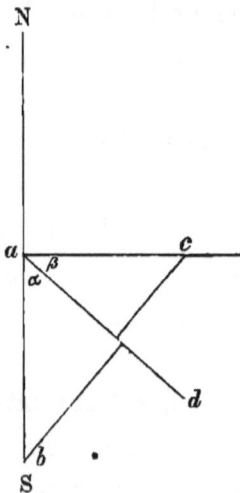

Fig. 7.

beiden Kräfte zerlegt, in solche, welche
parallel und solche, die senkrecht zur Nadel stehen, die
letzteren, welche allein zur Wirkung kommen beziehlich
gleich $T \cdot \sin\alpha$ und gleich $J \cdot \sin\beta$. Da nun die Nadel im
Gleichgewicht ist, so müssen diese beiden Kräfte gleich sein.
Man hat also

$$T \cdot \sin\alpha = J \cdot \sin\beta$$

und da $\beta = R - \alpha$ also $\sin\beta = \cos\alpha$:

$$T \cdot \sin\alpha = J \cdot \cos\alpha$$

oder

$$J = T \cdot \tan\alpha$$

das heisst die Intensität des Stromes ist gleich
der Intensität des Erdmagnetismus mal der Tangente des Winkels, um welchen die Nadel aus
dem Meridian abgelenkt wird. Man braucht jedoch

die Intensität des Erdmagnetismus gar nicht zu kennen. Denn lässt man einen anderen Strom von der Intensität J_1 auf die Nadel wirken, und ist α_1 der Winkel, um welchen dieser Strom die Nadel ablenkt, so hat man

$$J_1 = T \cdot \tan \alpha_1$$

also

$$J : J_1 = \tan \alpha : \tan \alpha_1$$

das heisst die Stromstärken verhalten sich genau wie die Tangenten der Ablenkungswinkel. Man hat daher nur nöthig, in den Kreis des Stromes gleichzeitig ein Voltameter einzuschalten und die Kette so einzurichten, dass genau in einer Minute ein Cubiccentimeter Knallgas entwickelt wird. In diesem Falle strömt nach unserer oben gegebenen Definition in der Zeiteinheit die Einheit der Electricitätsmenge durch den Schliessungsbogen, die Intensität dieses Stromes wollen wir daher als die Einheit der Stromstärke annehmen. Ist also der Winkel, um welchen die Nadel von diesem Strom abgelenkt wird gleich α_0, so verhält sich die Intensität irgend eines zu messenden Strom J_x zur Intensität 1, wie die Tangente des Winkels, um welchen er die Nadel ablenkt, zur Tangente von α_0.

$$J_x : 1 = \tan \alpha_x : \tan \alpha_0$$

oder

$$J_x = \frac{\tan \alpha_x}{\tan \alpha_0}$$

Diese Formel, wonach die Intensität des Stromes den Tangenten der Ablenkungswinkel direct proportional ist, behält jedoch nur so lange ihre Gültigkeit, als die Wirkung des Stromes durch die Ablenkung selbst sich nicht ändert. Diese Bedingung ist erfüllt, wenn die Entfernung des Stromes von der Nadel sehr gross gegen die Länge

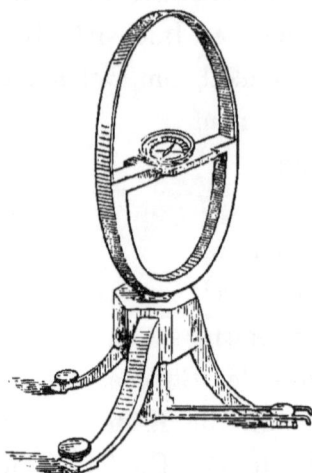

der Nadel ist. Man giebt daher dem Instrumente, welches
den Namen Tangentenbus-
sole führt, die Einrichtung,
welche Figur 8 darstellt. Der
Strom wird hier durch einen
kreisförmig gebogenen Kupferstreifen geleitet, in dessen
Mittelpunct eine im Verhältniss
zum Kreisdurchmesser kleine
Magnetnadel angebracht ist,
welche über einer Theilung
spielt.

Fig. 8.

§. 31. So mit einem Mittel ausgerüstet, die Stromstärke schnell und mit Schärfe zu messen, wollen wir zu
unserer Aufgabe zurückkehren, den Einfluss verschiedener
Umstände auf dieselbe zu bestimmen. Wir schliessen zunächst die Kette direct durch die Tangentenbussole und
schalten dann der Reihe nach noch verschiedene Leiter
von verschiedener Gestalt und Substanz in den Schliessungsbogen ein. Das allgemeine Ergebniss dieser Versuche ist,
dass die Stromstärke hierdurch stets vermindert wird.
Wir schliessen daraus, dass die Leiter der Bewegung der
Electricität in ihrer Substanz einen gewissen Widerstand
entgegensetzen, in Folge dessen in einer bestimmten Zeit
um so weniger Electricität durch den Querschnitt strömt,
je grösser dieser Widerstand ist. Bezeichnen wir daher
den Widerstand eines Kreises mit W, so wird die Stromstärke ausgedrückt werden durch die Formel

$$J = \frac{E}{W}$$

das heisst die Stromstärke ist direct proportional

der electromotorischen Kraft und umgekehrt proportional dem Widerstande der Kette. Dieses wichtige Gesetz, welches die Grundlage der ganzen Theorie der electrischen Ströme ist, führt nach seinem Entdecker den Namen des Ohm'schen Gesetzes.

§. 32. Da alle Leiter ohne Unterschied dem electrischen Strom einen Widerstand bieten, so ist klar, dass der Ausdruck W in unserer Formel keine andere Bedeutung haben kann, als den der Summe aller Widerstände im Kreise der geschlossenen Kette. Denn nehmen wir an, wie es in der That der Fall ist, der Widerstand wäre nicht in allen Theilen des Kreises gleich, sondern in der Kette ein anderer als in der Tangentenbussole, und in dieser wieder ein anderer als in den sonst noch in den Schliessungsbogen eingeschalteten Leitern, so wird doch der Widerstand eines jeden Theils je nach seiner Grösse verzögernd auf die Bewegung der Electricität in allen Theilen des Kreises wirken, da ja durch jeden Theil des Kreises in derselben Zeit die gleichen Electricitätsmengen sich bewegen müssen. Um daher den Einfluss richtig aufzufassen, welchen die Einschaltung von Leitern mit verschiedenen Widerständen auf die Stromstärke hat, muss man festhalten, dass ein Theil des Widerstandes, nämlich der der Kette und (in den hier besprochenen Versuchen) der Tangentenbussole, stets derselbe bleibt. Bezeichnen wir den constanten Widerstand mit W, dagegen den Widerstand irgend eines andern Leiters mit w, so haben wir also, wenn Kette und Bussole für sich zum Kreise geschlossen sind, für die Stromstärke den Ausdruck

$$J_0 = \frac{E}{W}$$

Wird dagegen der andere Leiter noch dazu eingeschaltet, so ist die Stromstärke

$$J_1 = \frac{E}{W + w}$$

Aus diesen beiden Gleichungen ergiebt sich:

$$W = \frac{E}{J_0} \text{ und } W + w = \frac{E}{J_1}$$

$$\text{also } w = \frac{E}{J_1} - \frac{E}{J_0} = E \frac{J_0 - J_1}{J_0 . J_1}$$

Schalten wir jetzt einen anderen Leiter ein, dessen Widerstand wir w nennen wollen, so ergiebt sich ganz auf dieselbe Weise, wenn J_2 die Intensität bei Einschaltung des neuen Leiters ist,

$$w = \frac{E}{J_2} - \frac{E}{J_0} = E . \frac{J_0 - J_2}{J_0 . J_2}$$

Es ist mithin

$$\frac{w}{w} = \frac{J_0 - J_1}{J_0 . J_1} \cdot \frac{J_0 . J_2}{J_0 - J_2} = \frac{J_0 - J_1}{J_0 - J_2} \cdot \frac{J_2}{J_1}$$

Man sieht hieraus, dass man durch drei Beobachtungen das Verhältniss der Widerstände zweier Leiter genau bestimmen kann. Nehmen wir nun den Widerstand eines bestimmten Leiters als Einheit an, so können wir die Widerstände aller anderen auf diesen reduciren und sie durch Zahlen ausdrücken. Als solche Einheit des Widerstandes wollen wir vorläufig den Widerstand eines Silberdrahtes annehmen, welcher 1 Meter lang ist und 1 Millimeter Durchmesser hat.

Vergleichen wir nun mit dieser Widerstandseinheit die Widerstände verschiedener Leiter, so kommen wir zu dem Resultat, dass diese abhängen von der Gestalt und der Substanz der Leiter.

Was zunächst die Gestalt betrifft, so wollen wir uns

der Einfachheit wegen denken, die Leiter hätten sämmtlich eine cylindrische oder prismatische Gestalt. Es zeigt sich dann, **dass der Widerstand direct proportional ist der Länge und umgekehrt proportional dem Querschnitt des Leiters.**

$$W = \frac{L}{Q}$$

wo L die Länge und Q den Querschnitt des Leiters bedeutet.

§. 33. Der Einfluss der Substanz lässt sich nicht in so allgemeinen Regeln ausdrücken. Im Allgemeinen kann man sagen, dass unter allen Substanzen die Metalle den geringsten Widerstand besitzen. Die Flüssigkeiten bieten bei gleichen Dimensionen einen vielmals grösseren Widerstand. Vergleicht man Leiter von denselben Dimensionen, aber von verschiedener Substanz mit einander, so bekommt man Zahlen, welche den **specifischen Widerstand** der Substanz ausdrücken, wobei man wiederum den Widerstand einer bestimmten Substanz, etwa des Silbers, zu Grunde legt. Je grösser der specifische Widerstand einer Substanz ist, desto **schlechter leitet** sie die Electricität, desto geringer ist ihr **Leitungsvermögen.** Das Leitungsvermögen ist also stets der reciproke Werth des Widerstandes.

§. 34. Die folgende Tabelle enthält numerische Angaben über das specifische Leitungsvermögen der wichtigsten Metalle in runden Zahlen, wobei das Leitungsvermögen des reinen Silbers = 100 angesetzt ist.

Silber	100
Kupfer . . .	80
Gold	55

$$
\begin{array}{llr}
\text{Zink} & \ldots \ldots & 27 \\
\text{Messing} & \ldots \ldots & 25 \\
\text{Eisen} & \ldots \ldots & 15 \\
\text{Platin} & \ldots \ldots & 10 \\
\text{Neusilber} & \ldots \ldots & 8 \\
\text{Quecksilber} & \ldots & 2 \\
\end{array}
$$

Diese Zahlen zeigen, wie gross die Unterschiede bei den Metallen sind. Das Quecksilber leitet 50 mal schlechter (hat einen 50 mal grösseren Widerstand) als das Silber, das heisst wenn man in den Kreis einer Kette eine Tangentenbussole und einen Silberdraht von bestimmten Dimensionen zum Beispiel von 100 Meter Länge und 1□mm Querschnitt aufnimmt, und die Magnetnadel wird um einen Winkel α abgelenkt, ersetzt dann den Silberdraht durch eine Quecksilbersäule von ebenfalls 1□mm Querschnitt, so darf diese Säule nur 2 Meter lang sein, damit die Magnetnadel wieder um den Winkel α abgelenkt werde.

Die oben mitgetheilten Zahlenangaben haben nur einen ganz annähernden Werth, da das Leitungsvermögen der Metalle durch geringe Verunreinigungen, ja selbst bei völliger chemischer Reinheit durch geringe Schwankungen in der Härte, Spannung und Dichtigkeit schon bedeutend geändert wird. Dieser Umstand ist sehr störend für die Vergleichung von Widerständen zu verschiedenen Zeiten und an verschiedenen Orten. In neuerer Zeit hat SIEMENS zu diesem Behufe das Quecksilber empfohlen, da dieses noch am leichtesten schnell in einem genügenden Grade der Reinheit hergestellt werden kann. SIEMENS empfiehlt daher als Einheit des Widerstandes den Widerstand einer Quecksilbersäule von 1□mm Querschnitt und 1 Meter Länge. Für sehr grosse Widerstände benutzt man auch zuweilen die Meile Telegraphendraht als Einheit. Der Widerstand einer Meile preussischen Telegraphendrahtes ist gleich 64 SIEMENS'schen Einheiten, d. h. gleich dem Widerstand von 64 Meter reinen Quecksilbers von 1□mm Querschnitt.

§. 35. Der Widerstand der Flüssigkeiten ist sehr viel mal grösser, als der der Metalle. Setzt man das

Leitungsvermögen des reinen Silbers gleich 100,000,000, so sind die Leitungsvermögen von:

Concentrirte Lösung von schwefelsaurem Kupferoxyd 5,5

Concentrirte Kochsalzlösung 31,5

Concentrirte Lösung von schwefelsaurem Zinkoxyd 5,8

Käufliche Salpetersäure 93,8

220 Ccm. Wasser mit 20 Ccm. Schwefelsäurehydrat 88,7

Wie man sieht, ist der Widerstand der Salpetersäure, welche am besten leitet, immer noch mehr als der millionenfache vom Widerstande des Silbers. Interessant ist, dass ein Gemenge von Schwefelsäure und Wasser bei einem gewissen Verhältniss der Mischung ein Minimum des Widerstandes hat. Es ist nämlich, wenn man den Widerstand des Platin gleich 1 setzt, der Widerstand eines Gemenges von

$$3,37 \text{ Grm. } SO_3 \text{ auf } 100 \text{ CC. Wasser } = 499000$$
$$45,84 \ \text{,,} \quad \text{,,} \quad \text{,,} \quad \text{,,} \quad \text{,,} \quad \text{,,} \quad = 79560$$
$$183,96 \ \text{,,} \quad \text{,,} \quad \text{,,} \quad \text{,,} \quad \text{,,} \quad \text{,,} \quad = 508000$$

Ganz ähnliche Verhältnisse zeigen sich bei der Lösung einiger Salze, z. B. des salpetersauren Kupferoxydes. Die reine Schwefelsäure und das reine Wasser leiten ausserordentlich schlecht. Bei 10% Schwefelsäure leitet das Gemenge noch einmal so schlecht als bei 45%. Dennoch ist es nicht gerathen, bei den galvanischen Elementen eine stärkere Concentration als 10% anzuwenden, da sonst das Zink zu sehr angegriffen wird.

Bei physiologischen Versuchen kommt es häufig vor, dass man sehr grosse Widerstände in ·den Kreis der Kette einschalten muss. Man bedient sich dann mit Vortheil der flüssigen Leiter, melche man in Röhren eingeschlossen auf passende Weise in den Kreis bringt. Je nach der Grösse des gebrauchten Widerstandes nimmt man dazu Salzlösungen oder verdünnte Schwefelsäure oder destillirtes Wasser, welchem man, wenn es noch schlechter leiten soll, Alkohol zusetzt. In allen diesen Fällen ist jedoch auf die Polarisation Rücksicht zu nehmen.

§. 36. Um verschiedene Widerstände mit einander zu vergleichen und je nach Bedürfniss mehr oder minder grosse Widerstände in den Kreis einschalten zu können, hat man verschiedene Apparate angegeben, welche den Namen Rheostaten führen. Der Rheostat von WHEATSTONE besteht aus zwei dicht neben einander liegenden Cylindern von ganz gleichen Dimensionen, welche mittelst einer Kurbel gleichzeitig in gleicher Richtung und mit gleicher Geschwindigkeit gedreht werden können. Der eine dieser Cylinder ist aus hartem Holz, Serpenthin oder sonst einer gut isolirenden Masse gefertigt und mit einem feinen Schraubengang versehen, der andere Cylinder ist von Messing. Ein langer feiner Platin- oder Neusilberdraht ist an dem einen Ende des isolirenden Cylinders an einem dort befestigten Messingring festgeschraubt, auf welchen eine Feder schleift, das andere Ende ist, nachdem man den Draht durch Drehung des Cylinders fest in die Schraubengänge eingelegt hat, an dem Messingcylinder befestigt, auf welchem ebenfalls eine Feder schleift. Verbindet man die beiden Federn mit den Polen der Kette, so muss der Strom durch die ganze Länge des feinen Drahtes gehen, um dann in den Messingcylinder und von diesem zur Kette zurück zu kehren. Dreht man aber jetzt die beiden Cylinder, so wickelt sich ein Theil des Drahtes von dem Holzcylinder ab und auf den Messingcylinder auf. Es wird also jetzt der Strom schon nach Durchlaufung einer geringeren Drahtlänge zu dem Messingcylinder und von diesem weiter gehen, wird also einen geringeren Widerstand zu überwinden haben.

Handelt es sich nur um kleine Widerstände, welche aber sehr genau abgestuft werden sollen, so kann man sich des in Fig. 9 abgebildeten Apparates bedienen, welcher den Namen Rheochord führt, weil hier die den Strom leitenden Drähte wie Saiten ausgespannt sind. Die beiden gerad ausgespannten Drähte a und b sind an ihren Enden· in Messingklötzen festgeschraubt und durchbohren den Messingklotz K, welcher sich selbst parallel auf der Unterlage hin und her geschoben werden kann. Auf der Theilung h i kann man ablesen, wie lang die in den Kreis eingeschalteten Drahttheile sind.

Um sehr grosse Widerstände in einen Kreis einzuschalten, bedient man sich mit Vortheil übersponnener Neusilberdrähte von grosser Länge und sehr geringem Durchmesser, welche man auf Rollen aufwickelt. Man stellt meist mehre solcher Rollen neben einander in einem Kasten auf und richtet sie so ein, dass man auf bequeme Weise den Strom durch eine oder mehre dieser Rollen leiten kann, deren Widerstand in. passender Weise abgestuft ist. In dieser Weise sind die Rheostaten eingerichtet, welche SIEMENS und HALSKE in ihrer Anstalt fertigen lassen, und welche in den physiologischen Laboratorien vielfach Anwendung finden. Die zu Grunde gelegte Einheit ist die von SIEMENS eingeführte oder die Telegraphenmeile. Sie umfassen

meist einen Widerstand von 1 bis zu 10000 SIEMENS'schen
Einheiten.

Der Widerstand der Metalle sowohl, als der übrigen
Leiter ändert sich mit der Temperatur; aber während der
Widerstand der Metalle mit Temperaturerhöhung zunimmt,
wird das Leitungsvermögen der Electrolyte durch Temperaturerhöhung verbessert. Auf diese Aenderung ist bei
Widerstandsmessungen Rücksicht zu nehmen, besonders
da die Temperatur der Metalldrähte, welche den Strom
leiten, durch diesen selbst erhöht wird. Von der Verbesserung des Leitungsvermögens der Electrolyte durch Temperaturerhöhung macht man mit Vortheil Gebrauch in physiologischen und electrotherapeutischen Fällen, indem man
die Epidermis,. um ihren Widerstand zu verkleinern, mit
warmen Salzlösungen durchtränkt. Hiervon wird an einer
späteren Stelle mehr die Rede sein.

§. 37. Bei dem ungeheuren Unterschied in der Lei-
tungsfähigkeit der Metalle und der Electrolyte ist schon
von vornherein anzunehmen, dass der Widerstand der gal-
vanischen Ketten nicht gering sein kann, da sie ja flüssige
Leiter enthalten. Dies ist auch in der That so, und der
Widerstand der Ketten darf nicht ausser Acht gelassen,
werden, wenn man die Wirksamkeit der Elemente bestimmen will. Der Widerstand. einer Kette hängt ab von der
Natur der sie zusammensetzenden Flüssigkeiten und ihren
Dimensionen. So hat z. B. ein GROVE'sches Element nur die
Hälfte des Widerstandes von einem DANIELL'schen gleicher
Grösse, weil die Salpetersäure so sehr viel besser leitet,
als die Lösung des schwefelsauren Kupferoxyds. Will man
nun die Wirksamkeit einer Kette richtig beurtheilen, so
muss man unterscheiden zwischen dem Widerstande der

Kette selbst und dem Widerstande des Schliessungsbogens. Da der erstere bei einer gegebenen Kette unveränderlich ist, so nennt man ihn den **wesentlichen** Widerstand, den Widerstand des Schliessungsbogens aber, welcher nach Belieben vergrössert und verkleinert werden kann, den **ausserwesentlichen**. Ist der ausserwesentliche Widerstand sehr klein im Verhältniss zum wesentlichen, ein Verhältniss, welches z. B. eintritt, wenn der Schliessungsbogen nur aus kurzen dicken Drähten und der Tangentenbussole besteht, so wird die Stromstärke fast nur von dem Widerstand und der electromotorischen Kraft der Kette abhängen. Nennen wir den Widerstand eines DANIELL'schen Elementes W, den des Schliessungsbogens w, die electromotorische Kraft des Elementes E, so ist die Stromstärke

$$J = \frac{E}{W + w}$$

wo nach unsrer Annahme w sehr klein im Verhältniss zu W ist. Nehmen wir nun statt des einen Elementes eine zusammengesetzte Kette von 2 Elementen, so wird diese Kette die doppelte electromotorische Kraft, aber auch den doppelten Widerstand haben. Die Stromstärke wird also sein

$$J_1 = \frac{2\,E}{2\,W + w}$$

Nun ist aber der Werth dieses Bruches nicht sehr verschieden von dem Werth des ersten Bruches, da wir nach unserer Annahme, ohne einen in Betracht kommenden Fehler zu machen, setzen können

$$. \ 2\,W + w = 2\,(W + w).$$

D. h. also die Stromstärke ist bei Anwendung zweier Elemente nicht merklich grösser, als bei Anwendung eines ein-

zigen, und dasselbe würde auch bei der Anwendung von
3 und mehr Elementen der Fall sein.

Nun wollen wir aber mit demselben Schliessungsbogen ein Element verbinden, in welchem der Zink- und der
Kupfercylinder die doppelte Oberfläche haben. Hier wird
die vom Zink durch die Flüssigkeiten zum Kupfer strömende Electricität offenbar nur den halben Widerstand zu
überwinden haben, da der Querschnitt der Strombahn der
doppelte ist. Die Stromstärke muss also sein:

$$J_2 = \frac{E}{\dfrac{W}{2} + w}.$$

wofür wir, da w sehr klein ist, also $\dfrac{W}{2} + w$ sich äusserst

wenig unterscheidet von $\dfrac{W + w}{2}$, setzen können

$$J_2 = 2 \cdot \frac{E}{W + w} = 2\,J$$

d. h. durch Verdoppelung der Grösse des Elementes wird
die Stromstärke verdoppelt.

Ganz das Gegentheil findet statt, wenn wir annehmen, es sei im Schliessungsbogen ein so beträchtlicher Widerstand eingeschaltet, dass der Widerstand der Kette dagegen als sehr klein angesehen werden kann. Wir haben
dann bei Anwendung eines Elementes

$$. \quad J = \frac{E}{W + w}$$

Bei Anwendung zweier Elemente

$$J_1 = \frac{2\,E}{2\,W + w}$$

und da W sehr klein ist gegen w, so können wir dafür
setzen

$$J_1 = \frac{2\,E}{W + w} = 2\,J$$

d. h. die Stromstärke ist durch Hinzufügen des zweiten
Elementes auf das doppelte gestiegen. Dagegen würde es
in diesem Falle gar Nichts nützen, wenn wir ein grösseres
Element anwendeten. Denn bei Anwendung des Elementes von doppeltem Querschnitt wäre wieder

$$J_2 = \frac{E}{\frac{W}{2} + w}$$

was, da W sehr klein gegen w, fast gar nicht von dem
Werth

$$J = \frac{E}{W + w}$$

unterschieden wäre.

Aus diesen Betrachtungen folgt die für die practische
Anwendung wichtige Regel: Ist der ausserwesentliche Widerstand sehr klein, so hat man sich weniger aber möglichst grosser Elemente zu bedienen, ist der ausserwesentliche Widerstand aber
gross, so hat man mehr Elemente zu nehmen,
welche dann von geringeren Dimensionen sein
können.

§. 38. Da Elemente von sehr grossen Dimensionen
unbequem wären, so kann man eine Anzahl kleinerer Elemente dadurch zu einem von grösserem Querschnitt, also
geringerem Widerstand combiniren, dass man alle positiven und alle negativen Pole in je einen Draht zusammenlaufen lässt, und zwischen diesen dann den Schliessungsbogen einschaltet. Man bezeichnet dies als Verbindung
von Elementen neben einander, zum Unterschied von
der Verbindung hinter einander, wo der positive Pol
des ersten mit dem negativen Pol des zweiten u. s. f. ver-

bunden werden. Je nach dem Widerstand des Schliessungsbogens wird man zu beurtheilen haben, wie viele Elemente man
zu einem zusammenkuppelt. Hat man z. B. vier DANIELL-
sche Elemente zur Verfügung, deren jedes die electromotorische Kraft E und den Widerstand W hat, so sind folgende Combinationen möglich:

1) Man verbindet sämmtliche Kupfercylinder unter sich,
   und ebenso sämmtliche Zinkcylinder; man hat dann
   vier Elemente neben einander oder ein Element
   mit der electromotorischen Kraft J und dem Widerstand ¼ W.

2) Man verbindet je zwei Kupfer- und je zwei Zinkcylinder unter sich, und dann das erste Kupferpaar mit
   dem zweiten Zinkpaar; man hat eine Kette von zwei
   Elementen hintereinander, von denen jedes aus
   zwei nebeneinander verbundenen besteht; die electromotorische Kraft ist $= 2\,J$, der Widerstand $= ½\,W$
   $+ ½\,W = W$.

3) Man verbindet alle 4 Elemente hinter einander;
   die electromotorische Kraft ist $= 4\,J$, der Widerstand
   $= 4\,W$.

Sind noch mehr Elemente gegeben, so sind die möglichen
Combinationen natürlich noch mannichfaltiger.

Nach denselben Principien hat man auch zu beurtheilen, ob die Anwendung GROVE'scher oder DANIELL'scher
Elemente zweckmässiger sei. Ist der ausserwesentliche
Widerstand sehr klein, so geben die GROVE'schen Elemente
stets stärkere Ströme, da sie sowohl grössere electromotorische Kraft als auch geringeren Widerstand haben wie
die DANIELL'schen. Ist aber der ausserwesentliche Widerstand sehr gross, so werden zwei Daniell's etwa dasselbe
leisten, wie ein Grove von denselben Dimensionen, da die

electromotorische Kraft eines Grove etwa die doppelte ist,
wie die eines Daniell, und es auf den Widerstand der
Kette dann gar nicht ankommt. Dieser Fall ist bei der
physiologischen und therapeutischen Anwendung der Ketten
der häufigste, da die thierischen Gewebe so beträchtliche
Widerstände bieten. Hier wendet man daher meist DA-
NIELL'sche Elemente an, welche in der Anschaffung und
im Betriebe billiger sind, und nicht die so sehr lästigen
Dämpfe aushauchen. Braucht man aber sehr starke Ströme, so würde eine sehr grosse Anzahl DANIELL'scher Elemente nöthig sein, deren Handhabung sehr unbequem
wäre. Man bedient sich dann mit Vortheil GROVE'scher
Elemente, welche aber, da es auf den Widerstand nicht
ankommt, sehr klein sein können. Nach dem Vorgange
DU BOIS-REYMOND's sind jetzt für diese Zwecke meist eine
ganz kleine Art GROVE'scher Elemente in Gebrauch, deren
Kosten eben ihrer Kleinheit wegen nur gering sind.

Dieselben Beziehungen, wie zwischen dem wesentlichen und ausserwesentlichen Widerstand, haben auch Gel-
tung zwischen den einzelnen Theilen des Schliessungsbogens selbst. Ist der Gesammtwiderstand des Schliessungsbogens sehr gross und ein einzelner, verhältnissmässig geringer Theil desselben ändert seinen Widerstand, so wird
dies auf die Stromstärke nur von geringem Einfluss sein.
Man kann daher, wenn thierische Theile im Schliessungsbogen enthalten sind, von dem Widerstande der metallischen Drähte, welche zur Zu- und Ableitung dienen, meist
ganz absehen, und es ist für den Effect meist ganz gleichgültig, ob man sich dazu dicker oder dünner Drähte bedient, und von welchem Metalle sie sind. Ganz anders
aber, wenn der ganze Schliessungsbogen überhaupt nur
einen geringen Widerstand hat. In diesem Falle ist die

Aenderung eines Theiles schon von grossem Einfluss. Man
hat daher auf die richtige Wahl jedes Theiles sorgfältige
Aufmerksamkeit zu richten. Da Silber zu theuer wäre,
bedient man sich meist kupferner Drähte, die man in verschiedenen Dicken, je nach dem Zwecke, verwendet. Die
Verbindung einzelner Drähte unter einander bewerkstelligt
man durch sogenannte Klemmschrauben, welche von
Kupfer, oder da es bei diesen kurzen dicken Verbindungs-
stücken nicht so sehr auf das Leitungsvermögen ankommt,
aus dem dauerhafteren Messing gefertigt werden.

Capitel VII.

Von der Stromdichte, den Zweigströmen und der Vertheilung des Stromes in nicht prismatischen Leitern.

§. 39. Es seien K_1 und K_2 zwei constante und ganz gleiche Ketten, L_1 und L_2 zwei Leiter aus derselben Substanz, jedoch sei L_2 noch ein Mal so dick und noch ein Mal so lang, als L_1. Dann ist der Widerstand beider Leiter genau gleich und wenn wir die Kettte. K_1 durch den Leiter L_1 und die Kette K_2 durch den Leiter L_2 schliessen, so muss die Stromstärke in beiden ganz gleich sein:

$$J_1 = J_2.$$

Fassen wir nun einen Querschnitt des Leiters L_1 und einen Querschnitt des Leiters L_2 ins Auge, so strömen durch beide in gleichen Zeiten gleiche Electricitätsmengen. Aber diese Electricitätsmengen sind in L_2 auf einen doppelt so grossen Querschnitt vertheilt, als in L_1, durch die Flächeneinheit des Querschnitts fliesst also in L_1 noch ein Mal so viel Electricität als in derselben Zeit in L_2. Nennen wir nun diejenige Electricitätsmenge, welche in der Zeiteinheit

durch die Querschnittseinheit fliesst, die Stromdichte,
so folgt daraus, dass bei gleicher Stromstärke die Stromdichte umgekehrt proportional ist dem Querschnitt:

$$D = \frac{J}{Q}.$$

Der Begriff der Stromdichte ist für alle Wirkungen
des Stromes, welche in dem Leiter selbst vorgehen, (und
hierzu gehören alle physiologischen Wirkungen des Stromes) ungemein wichtig; denn es ist klar, dass es bei diesen Wirkungen nicht gleichgültig sein kann, ob eine und
dieselbe Electricitätsmenge auf einen grösseren oder kleineren Querschnitt vertheilt ist. Im Gegentheil wird die
Wirkung des Stromes natürlich um so beträchtlicher sein
müssen, je geringer der Querschnitt ist, durch welchen
eine bestimmte Electricitätsmenge fliesst, je grösser also die
Stromdichte ist.

Um nun zu beurtheilen, welchen Einfluss die Veränderung des Querschnitts auf die Stromdichte hat, muss man
besonders festhalten, was wir im vorigen Capitel über den
relativen Widerstand eines Theiles des Kreises gesagt haben. Denken wir uns z. B. an einen Nerven einen Zink-
Platinbogen angelegt; wir haben dann eine einfache Kette,
in welcher der Nerv selbst den feuchten Leiter vorstellt
und der Nerv wird von einem Strom in der Richtung vom
Zink zum Platin durchflossen. Der Widerstand des Zink-
platinbogens kann im Vergleich zu dem Widerstand des
Nervenstückes gleich Null gesetzt werden, der Widerstand
des Nervenstückes ist aber gleich $\frac{L}{Q}$, wo L die Länge
und Q den Querschnitt bedeutet. Es ist also die Strom-
stärke $J = \frac{E}{W} = \frac{E \cdot Q}{L}$ und die Stromdichte $D = \frac{E}{L}$.

Verschieben wir nun den Platinzinkbogen so, dass eine
andere Stelle des Nerven im Kreise ist, deren Länge ebenfalls gleich L, deren Querschnitt aber gleich 2 Q ist, so
haben wir

$$J = \frac{2 \cdot E \cdot Q}{L} \text{ und } D = \frac{2 \cdot E \cdot Q}{2 \cdot L \cdot Q} = \frac{E}{L}$$

Die Stromdichte ist also in beiden Fällen ganz die
nämliche, wie sehr auch die Querschnitte verschieden sein
mögen.

Umgekehrt, wenn in den Kreis so grosse Widerstände
eingeschaltet werden, dass der Widerstand des Nerven gegen sie als unendlich klein angesehen werden kann, dann
bleibt die Stromstärke ungeändert, gleichviel ob die
dicke oder die dünne Stelle des Nerven im Kreise ist. In
diesem Falle wäre also die Stromdichte stets umgekehrt
proportional dem Querschnitt der im Kreise befindlichen
Strecke.

Bei unseren bisherigen Betrachtungen haben wir die
Leiter immer von prismatischer oder cylindrischer Gestalt
vorausgesetzt, d. h. so, dass ein senkrecht auf die Längsaxe gemachter Querschnitt überall dieselbe Gestalt hat.
Man kann sich dann den ganzen Strom, der sich in einem
solchen Leiter bewegt, bestehend denken aus einer Anzahl
paralleler Stromesfäden, die gleichsam zu einem Bündel vereinigt, den ganzen Strom ausmachen. Je mehr solcher Fäden in einem Leiter von gegebenem Querschnitt
zusammengedrängt sind, desto grösser ist die Stromdichte. Immer aber werden die Fäden gleichmässig über
den ganzen Querschnitt vertheilt, die Dichte wird in allen
Theilen eines und desselben Querschnitts die nämliche sein
müssen. Denken wir uns nun den Leiter der Länge nach
in zwei gleich dicke Theile gespalten, so werden auf jeden

dieser Theile die Hälfte der Stromfäden kommen, der Strom wird sich gleichmässig zwischen den beiden Hälften des Leiters theilen, und da beide Hälften ganz gleich sind, so wird die Stromstärke sowohl als die Stromdichte in den beiden Theilen ganz gleich sein.

Denken wir uns nun den Leiter in irgend einem anderen Verhältniss gespalten, so dass die Dicke des einen Theiles die des anderen um das n fache übertrifft, so werden in dem ersteren auch n mal so viel Stromfäden liegen, als in dem zweiten, die Stromstärke wird also im ersteren die n-fache von der im zweiten sein, die Stromdichte aber wird in beiden Theilen gleich sein..

§. 40. Diese Betrachtung führt uns zu dem Problem der Stromvertheilung in verzweigten Leitungen. Sei, Fig. 10, ABFDC ein Kreis, in welchem bei A der Sitz der electromotorischen Kraft sein mag, welche einen Strom in der Richtung der Pfeile veranlasst, und sei dieser Kreis zwischen D und F in die beiden Zweige DEF und DGF gespalten. Nehmen wir zunächst an, die beiden Zweige wären einander genau gleich,

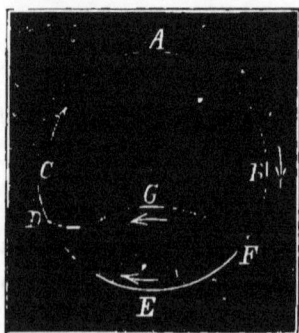

Fig. 10.

so wird sich der Strom in die beiden Zweige ganz gleichmässig theilen. Haben die beiden Zweige aber ungleiche Widerstände, so können die Electricitätsmengen, welche durch die beiden Zweige in gleichen Zeiten strömen, nach den obigen Betrachtungen nicht mehr gleich sein.

Um nun zu untersuchen, in welcher Weise der Strom sich in die beiden Leitungen theilt, wollen wir annehmen' der Widerstand des Zweiges DEF sei gleich W und der des Zweiges DGF sei gleich nW. Wir können dann, welches auch die Beschaffenheit der beiden Zweige sei, für den Zweig DEF einen anderen eingeführt denken von derselben Länge und demselben Material wie DGF, aber vom n fachen Querschnitt. Die oben angestellte Betrachtung zeigt dann, dass die Stromstärke im Zweige DEF n mal so gross sein muss, als die im Zweige DGF.

Diese Betrachtung behält aber auch ihre Gültigkeit, wenn der Kreis sich statt in zwei, in drei oder mehr Zweige spaltet. Wir können daher ganz allgemein den Satz aussprechen:

Wenn ein Kreis sich in eine Anzahl von Zweigen spaltet, welche sich alle wieder zu einer Leitung vereinigen, so verhalten sich die Stromstärken in den einzelnen Zweigen umgekehrt wie ihre Widerstände.

KIRCHHOFF (POGGEND. Ann. Bd. 64. S. 497) hat für ein System von Drähten, welche auf ganz beliebige Weise mit einander verbunden und von galvanischen Strömen durchflossen sind, folgende Gleichungen abgeleitet, nach denen man die Stromstärke in jedem Zweige leicht berechnen kann:

1) Wenn die Drähte 1, 2, 3, ... μ in einem Punkte zusammenstossen, wenn ferner J_1, J_2, J_3 .... J_μ die Intensität der Ströme bezeichnet, welche in den entsprechenden Drähten fliessen, wobei J als positiv angenommen wird, wenn der Strom nach dem Knotenpunkte hin. als negativ, wenn er von dem Punkte fort gerichtet ist, so ist stets:

$$J_1 + J_2 + J_3 + \ldots + J_\mu = 0$$

2) Wenn die Drähte 1, 2. 3, ... ν eine in sich geschlossene Figur bilden, und ΣE bedeutet die Summen aller electromotorischen Kräfte, welche sich auf dem Wege 1, 2, 3, ... ν, befinden, w_1, w_2, w_3 .... w_ν die Widerstände und J_1, J_2, J_3, ... J_ν die Intensitäten in den bezüglichen Drähten, so ist:

$$J_1 w_1 + J_2 w_2 + J_3 w_3 + \ldots + \ldots + J_\nu w_\nu = \Sigma E.$$

Der erste Satz sagt nur aus, dass die dem Punkte von der einen Seite zugeführte Electricitätsmenge gleich sein muss der von ihm nach der anderen Seite hin in derselben Zeit abgegebenen, was sich von selbst versteht. Wegen des Beweises für den zweiten Satz müssen wir auf die Abhandlung selbst verweisen. Wir wollen hier nur einige Folgerungen daraus ziehen, welche für uns von grossem Interesse sind.

Nennen wir in Figur 10 CAB 1, DGF 2 und DEF 3, so ist

$$J_1\, w_1 + J_2\, w_2 = E \tag{1}$$

$$J_1\, w_1 + J_3\, w_3 = E \tag{2}$$

$$- J_2\, w_2 + J_3\, w_3 = 0^1) \tag{3}$$

und für den Punct D

$$- J_1 + J_2 + J_3 = 0 \tag{4}$$

Nach (2) ist $\qquad\qquad J_3\, w_3 = E - J_1\, w_1$

Nach (4) ist $\qquad\qquad J_1 = J_2 + J_3$

also ist $\qquad\qquad\quad J_3\, w_3 = E - J_2\, w_1 - J_3\, w_1$

oder $\qquad\qquad\quad\ J_3\, (w_1 + w_3) = E - J_2\, w_1 \tag{5}$

Nach (3) ist $\qquad\qquad J_2\, w_2 = J_3\, w_3$

also $\qquad\qquad\qquad J_2 = \dfrac{J_3\, w_3}{w_2}$

Dies in (5) eingesetzt giebt

$$J_3\, w_1 + J_3\, w_3 = E - \frac{J_3\, w_3\, w_1}{w_2}$$

oder $\qquad J_3\, w_1\, w_2 + J_3\, w_2\, w_3 + J_3\, w_1\, w_3 = E\, w_2$

oder $\qquad\qquad J_3 = \dfrac{E \cdot w_2}{w_1\, w_2 + w_2\, w_3 + w_1\, w_3} \tag{6}$

Ganz ebenso ergiebt sich:

$$J_2 = \frac{E \cdot w_3}{w_1\, w_2 + w_2\, w_3 + w_1\, w_3} \tag{7}$$

Und da nach (4) $J_1 = J_2 + J_3$, so ist

$$J_1 = \frac{E \cdot (w_2 + w_3)}{w_1\, w_2 + w_2\, w_3 + w_1\, w_3} \tag{8}$$

Die beiden Gleichungen (6) und (7) zeigen, dass sich die Stromstärken in den beiden Zweigen 2 und 3 umgekehrt verhalten, wie ihre Widerstände, denn es ist

$$J_2 : J_3 = w_3 : w_2$$

ein Resultat, welches wir schon aus unseren obigen allgemeinen Betrachtungen gezogen hatten

---

¹) J_2 muss negativ genommen werden, weil es in dem Umgange FEDGF die entgegengesetzte Richtung hat, wie J_3.

Sei ferner in Figur 11 ABCD ein verzweigtes von Strömen durchflossenes System. Es heisst Ac 1, CD 2, AD 3, BD 4, und CED 5.

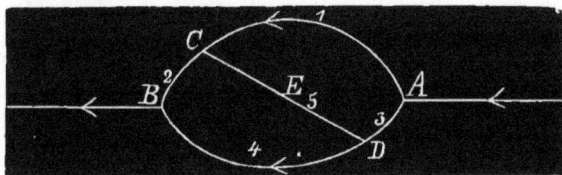

Fig. 11.

Es sei in diesem System selbst keine electromotorische Kraft vorhanden,[1]) und ferner wollen wir voraussetzen, dass $J_5 = 0$ ist, d. h. dass in dem Zweige CED kein Strom existire. Man hat dann:

Für den Punct C: $\qquad J_1 - J_2 = 0$ $\qquad\qquad$ (1)

Für den Punct D: $\qquad J_3 - J_4 = 0$ $\qquad\qquad$ (2)

Für den Umgang ACED: $J_1 w_1 - J_3 w_3 = 0$ $\qquad$ (3)

Für den Umgang BDEC: $J_2 w_2 - J_4 w_4 = 0$ $\qquad$ (4)

Aus der Division von (3) und (4) folgt:

$$\frac{J_1 \, w_1}{J_2 \, w_2} = \frac{J_3 \, w_3}{J_4 \, w_4} \qquad\qquad (5)$$

Da nun nach (1) $J_1 = J_2$ und nach (2) $J_3 = J_4$, so ist

$$\frac{J_1 \, w_1}{J_1 \, w_2} = \frac{J_3 \, w_3}{J_3 \, w_4}$$

oder $\qquad\qquad\qquad \dfrac{w_1}{w_2} = \dfrac{w_3}{w_4}$ $\qquad\qquad$ (6)

d. h. wenn ein Strom sich in zwei Arme theilt, welche durch einen Zwischendraht verbunden sind, und in diesem Zwischendraht ist die Stromstärke Null, so verhalten sich die Widerstände der beiden Theile des einen Armes wie die Widerstände der beiden Theile des anderen Armes.

§. 41. Die Gesetze der Stromverzweigung finden ungemein häufige Anwendung in der Muskel- und Nervenphysiologie. Wir wollen daher gleich hier einige dieser Anwendungen besprechen.

---

[1]) Diese muss also in dem zwischen A und B noch befindlichen Bogen irgendwo ihren Sitz haben.

Es ist eine sehr häufige Aufgabe, durch einen Muskel oder Nerven einen Strom von bestimmter Stärke zu
senden und diese Stärke schnell nach
Belieben ändern zu können. Zu diesem Zweck bedient man sich des schon
in §. 36 beschriebenen Rheochords,
indem man den Strom sich zwischen
Rheochord und Nerv theilen lässt, oder
wie man sich ausdrückt, das Rheochord als Nebenschliessung zum
Nerven einschaltet. Verbindet man
nämlich die beiden Klemmen mit den
Polen der Kette und führt ausserdem
von denselben Klemmen je einen Leitungsdraht zum Nerven, so theilt sich
der Strom, ein Zweig geht durch das
Rheochord, ein anderer durch den
Nerven. Die Stromstärke im Nerven
hängt nun ab von dem Verhältniss
des Widerstandes der eingeschalteten
Saitenstücke des Rheochords zu dem
Widerstande der den Nerven enthal-
tenden Leitung. Je näher also der
Schieber K den Zuleitungsdrähten
steht, desto schwächer ist der den Nerven durchfliessende
Strom, und je weiter man den Schieber von jenen entfernt,
desto stärker wird der Strom im Nerven. Steht der Schieber ganz dicht an den Klemmen, so ist der Widerstand
in diesem Zweige (da der Schieber aus einem gut leitenden Metall besteht und einen beträchtlichen Querschnitt
hat) gegen den Widerstand im Nervenkreise unendlich
klein, es geht dann also so gut wie gar kein Strom durch
den Nerven.

Um alle möglichen Abstufungen der Stromstärke erzielen zu können, muss das Rheochord so beschaffen sein,
dass man auch über ziemlich beträchtliche Widerstände zu
gebieten hat. DU Bois-Reymond hat zu diesem Zweck dem
Apparat folgende Einrichtung gegeben: Auf einem Brett
sind zwei feine Platindrähte parallel ausgespannt, deren je-

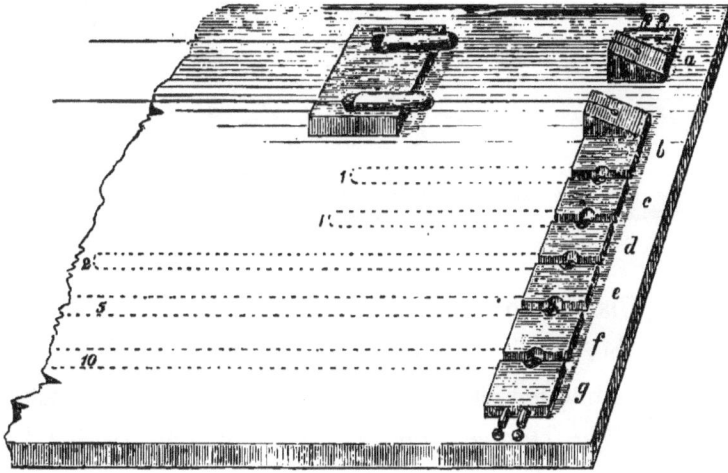

Fig. 13.

der etwas über 1 Meter lang ist. Unter diesen bewegt
sich in einer passenden Bahn ein Schlitten von Messing,
auf welchem parallel neben einander zwei hohle Stahlcylinder befestigt sind. Diese sind hinten offen, vorn jedoch bis auf eine feine Oeffnung, deren Durchmesser
den des Platindrahts nur wenig übertrifft, geschlossen.
Die Platindrähte sind durch die Oeffnungen der Stahlcylinder gezogen, diese mit Quecksilber gefüllt und hinten
mit Korken verschlossen, durch welche die Platindrähte
ebenfalls durchgehen. Wegen der Unbenetzbarkeit des
Platins und Stahls durch Quecksilber fliesst dieses aus dem
capillaren Raum zwischen dem Platindraht und der Oeffnung des Stahlcylinders nicht aus.

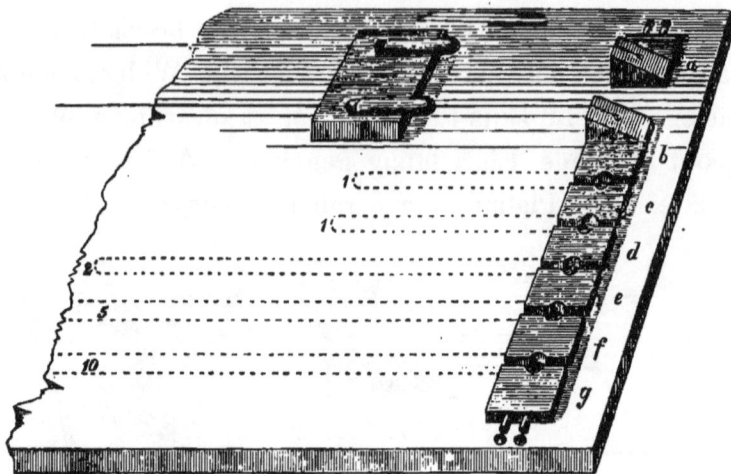

Fig. 14.

Die Platindrähte gehen an dem vorderen Ende des
Apparats über zwei Messingbacken a und b welche sorgfältig von einander isolirt sind. Die eine dieser Backen,
a, ist mit einer Doppelklemme zur Aufnahme zweier Leitungsdrähte versehen. Ausserdem sind auf dem Brette noch
fünf Messingklötze, c, d, e, f, g, befestigt, jeder von seinem
Nachbarn durch einen kleinen Zwischenraum getrennt und
isolirt. Die einander zugekehrten Seiten dieser Klötze sowie die eine Seite der Backe b sind mit Einschnitten versehen, die zusammen einen cylindrischen Kanal zur Aufnahme von metallischen Stöpseln bilden, welche, wenn sie
in den Kanälen stecken, eine metallische Verbindung zwischen je zwei benachbarten Metallklötzen herstellen. Der
letzte Klotz g trägt wieder eine Doppelklemme.

Sind nun alle Stöpsel in die Kanäle gesteckt und
steht der Schlitten ganz vorn, so dass die Stahlcylinder
hart an den Backen a und b anliegen, so ist zwischen den
Klötzen a und g eine Leitung von verschwindend kleinem
Widerstand hergestellt. Werden daher die Klemmen die-

ser Klötze einerseits mit den Polen der Kette, andrerseits mit dem Nerven verbunden, so geht so gut wie gar kein Strom durch den Nerven. Wird jedoch der Schlitten fort· geschoben, so wächst mit der Länge der eingeschalteten Platindrähte auch die Stärke des den Nerven durchfliessenden Stromes. Um nun noch grössere Widerstände einschalten zu können, als die beiden Platindrähte, ist folgende Einrichtung getroffen: In einem unterhalb der Platindrähte befindlichen Kasten sind 5 Drähte von Neusilber ausgespannt. Der erste ist mit seinem einen Ende an der Backe þ, mit dem anderen an dem Klotz c befestigt, der zweite an c und d, der dritte an d und e, und so fort. Ihre Länge ist so abgepasst, dass sie, den Widerstand der beiden Platindrähte zusammen als Einheit angenommen, der Reihe nach folgende Widerstände repräsentiren: 1, 1, 2, 5, 10. Zieht man einen Stöpsel zwischen zwei benachbarten Messingklötzen heraus, so muss der Strom durch den entsprechenden Neusilberdraht gehen und man kann also nach Belieben den Widerstand des Rheochords reguliren, indem man durch Combination der Neusilberdrähte bis zu 19 Einheiten und durch Verschieben des Schlittens beliebige Bruchtheile einschalten kann.

Soll ·das Rheochord vollständig seinen Zweck erfüllen, so muss bei Einschaltung seiner ganzen Länge ·die Stromstärke im Nerven so gross sein, als wäre gar kein Rheochord vorhanden, sondern als ginge der Strom der Kette ungetheilt durch den Nerven. Diese Forderung ist erfüllt, wenn der Widerstand der Kette als unendlich klein gegen den Widerstand der ganzen Rheochordlänge angesehen werden kann. Nennen wir den Widerstand der Kette sammt der Leitung bis zum Rheochord w_1, den Widerstand des Rheochords w_2 und den Widerstand der vom Rheochord abgezweigten Leitung, welche den Nerven enthält, w_3 so ist nach §. 40 Gleichung (6) die Stromstärke im Nerven, wenn wir noch mit E die electromotorische Kraft der Kette bezeichnen.

$$J_3 = \frac{E\,w_2}{w_1\,w_2 + w_2\,w_3 + w_1\,w_3} = \frac{E\,w_2}{w_1\,w_2 + (w_1 + w_2)\,w_3}$$

Ist nun unserer Voraussetzung gemäss w_2 unendlich klein gegen w_1, so geht dieser Ausdruck über in

$$J_3 = \frac{E\,w_2}{w_1\,w_2 + w_2\,w_3} = \frac{E\,w_2}{w_2\,(w_1 + w_3)} = \frac{E}{w_1 + w_3}$$

Dies heisst aber Nichts Anderes, als dass die Stromstärke im Nerven dieselbe ist, als ob die Kette mit dem Nerven direct zum Kreise geschlossen wäre.

Will man sehr schwache Ströme durch den Nerven leiten, welche aber sehr genau abgestuft werden sollen, so giebt man dem Rheochord die Einrichtung Fig. 15.

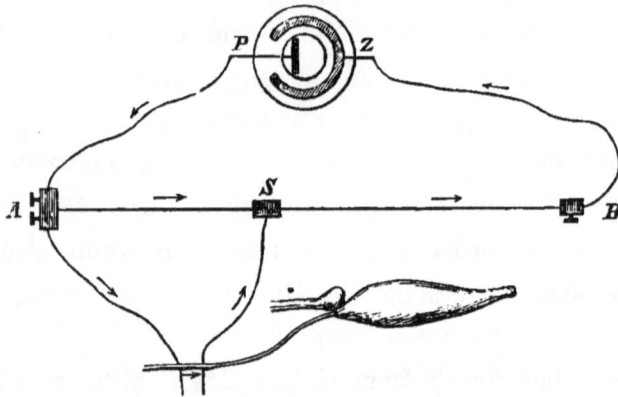

n   Fig. 15.

AB ist ein dicker Draht aus irgend einem gut leitenden Metall, etwa von Messing. Derselbe trägt bei B eine einfache, bei A eine Doppelklemme. Auf dem Drahte ist der Schieber S beweglich. Verbindet man die Pole der Kette mit A und B, und den Nerven mit A und S, so geht ein Stromzweig durch den Nerven, welcher um so stärker ist, je weiter S von A entfernt wird.

Nennen wir wiederum E die electromotorische Kraft der Kette, w_1 den Widerstand von SBZPA, w_2 den des eingeschalteten Drahtstücks SB, und w_3 den der Nervenleitung AnS, so ist abermals

$$J_3 = \frac{E w_2}{w_1 w_2 + w_1 w_3 + w_2 w_3}$$

Ist nun AB ein dicker gut leitender Metalldraht, wie wir vorausgesetzt haben, so kann w_2 als unendlich klein angesehen werden, sowohl gegen w_1 als gegen w_3. Dann geht der Ausdruck über in

$$J_3 = \frac{E w_2}{w_1 w_3}$$

d. h. in diesem Falle ist die Stromstärke im Nerven direct proportional dem Widerstande w_2, d. h. der Entfernung des Schiebers S von der Klemme B.

§. 42. Ein noch häufiger fast gebrauchtes Instrument ist der Schlüssel, welcher in Fig. 16 abgebildet ist. Auf der isolirenden aus schwarzer Kautschukmasse gefertigten Unterlage a sind die beiden Messingklötze b und c befestigt. An c ist der Messinghebel d drehbar befestigt. Drückt man ihn an seinem knöchernen Handgriff nieder, so legt er sich an den Klotz b an und setzt ihn in gut leitende Verbindung mit c. Schaltet man diesen Schlüssel in den Kreis einer Kette ein, indem man einen Leitungsdraht in c, den anderen in b einschraubt, so dient er einfach zum Schliessen und Oeffnen der Kette und ersetzt so das in §. 20 erwähnte Quecksilbernäpfchen. Verbindet man aber die Klötze b und c einerseits mit den beiden Polen einer Kette, andererseits mit den zum Nerven gehenden Leitungsdrähten, und

Fig. 16.

ist der Schlüssel, wie ihn die Figur zeigt, geöffnet, so geht

der Strom der Kette durch den Nerven. Drückt man aber
den Schlüssel nieder, so bildet er eine Nebenschliessung zum Nerven von so geringem Widerstand, dass gar
kein Strom durch den Nerven gehen kann. Diese Anordnung ist für manche Fälle sehr vortheilhaft, wie wir noch
sehen werden.

§. 43. Eine dritte, äusserst wichtige Anwendung der
Stromvertheilung in verzweigten Leitern ist die zur Bestimmung von Widerständen. Ist in Fig. 17. der Strom
in dem Zweige 5 gleich 0, so ist, wie wir §. 40. bewiesen
haben,

$$W_1 : W_2 = W_3 : W_4$$

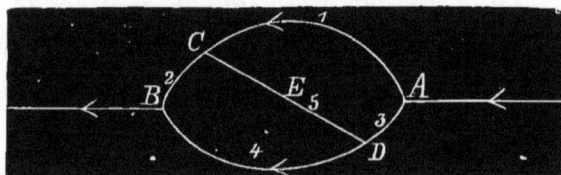

Fig. 17.

Schalten wir nun in den Zweig AC einen Rheostaten ein,
in den Zweig BC einen Körper, dessen Widerstand bestimmt werden soll, ist ferner das Verhältniss der Widerstände der Zweige AD und BD bekannt, und drehen wir den
Rheostaten so lange, bis ein in der Brücke CED befindli-
cher Multiplicator gar keinen Strom anzeigt, so muss der
am Rheostat abgelesene Widerstand sich zu dem zu bestimmenden verhalten, wie $W_3 : W_4$. Sind z. B. diese beiden
Widerstände einander gleich, so ist der zu bestimmende
Widerstand direct gleich dem am Rheostaten abgelesenen.
Ist aber der zu bestimmende Widerstand sehr gross, so
giebt man den Zweigen AD und BD ein solches Verhältniss, dass z. B. $W_4 = 10 . W_3$ ist, dann hat man natürlich

den am Rheostaten abgelesenen Widerstand mit 10 zu
multipliciren, um den gesuchten Widerstand zu erhalten.

Man kann auch so verfahren, dass man in den Zweig
AC einen ganz bestimmten Widerstand, z..B. eine SIEMENS'-
sche Einheit, und in den Zweig BC den zu bestimmenden
Widerstand einschaltet, und nun den Punct D auf ADB so
lange hin und her verschiebt, bis in der Brücke CED kein
Strom mehr ist. Es muss dann offenbar der zu bestimmende Widerstand x sich zu der Einheit verhalten, wie
der Widerstand von BD zu dem Widerstand von AD.
Giebt man nun dem Zweige ADB die Einrichtung des
in Fig. 15. dargestellten Rheochords so wird die Wider-
standsbestimmung sehr einfach. Man braucht eben nur
den Rheochordschieber so lange zu verschieben, bis die
Multiplicatornadel auf 0 steht. Das Verhältniss, in welchem dann der Rheochorddraht durch den Schieber getheilt
wird, ist dann gleich dem Verhältniss des gesuchten Widerstandes x zu der in AC eingeschalteten Einheit.

Da in diesem Falle der Schieber den Rheochorddraht nur in einem
Puncte berühren darf, so giebt man dem Rheochord zweckmässig folgende Einrichtung: Man spannt einen Platindraht scharf auf eine gut
lackirte hölzerne Schiene, die mit einer Theilung versehen ist, so dass
der Draht unmittelbar auf der Schiene aufliegt. Ein kleiner Klotz, welcher durch eingegossenes Blei beschwert ist, trägt an seinem einen Ende
eine starke Kupferplatte, an welcher unten eine den Klotz etwas über-
ragende scharfe Platinschneide angelöthet ist. Diese Schneide setzt man
auf den Platindraht auf. An der Kupferplatte ist der zum Multiplicator
gehende Draht befestigt.

Es versteht sich von selbst, dass die Widerstände der Hülfsdrähte
welche zur Einschaltung des zu untersuchenden Körpers und der zur
Bestimmung benutzten Einheit dienen, in Rechnung gezogen werden
müssen, wenn nicht, wie dies allerdings bei physiologischen Untersuchungen meist der Fall sein wird, ihr Widerstand als unendlich klein
angesehen werden kann.

§. 44. Wir haben im Vorhergehenden gesehen, dass
ein electrischer Strom, in einem System von verzweigten
Leitern sich so vertheilt, dass der durch jeden Zweig sich
ergiessende Stromesantheil im umgekehrten Verhältniss
zum Widerstand dieses Zweiges steht. Dabei ist es durchaus gleichgültig, wie gross die Anzahl der Zweige ist, in
welche sich der Leiter theilt. Denken wir uns nun einen
Leiter von irgend welcher Gestalt, etwa eine kreisförmige
Scheibe von Metall, an deren Umfang an zwei diametral
gegenüberliegenden Puncten der Strom ein und austritt, so
ist es offenbar gestattet, sich diese Scheibe zusammengesetzt zu denken aus einer Anzahl leitender gleich dicker

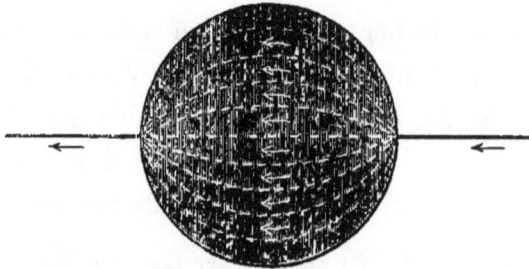

Fig 18.

Streifen, welche alle in dem einen Puncte anfangen und in
dem anderen endigen. Der Strom wird sich dann durch
alle diese Streifen ergiessen, aber da die Länge der Streifen von dem mittelsten, diametral die Scheibe durchschnei-
denden, nach beiden Seiten hin immer mehr zunimmt, so
muss die Stärke der Ströme in dem mittleren Streifen am
grössten sein und nach beiden Seiten hin allmählich abnehmen. Denken wir uns nun die Streifen immer schmaler und immer näher an einander gerückt, so folgt, dass
die ganze Scheibe durchflossen sein muss von einem Sy- ·
stem immer mehr von der graden Linie abweichender, und

der Halbkreisform sich anschliessender Stromescurven, welche alle von dem Puncte ausgehen, wo der Strom in die Scheibe eintritt, und in den Punct zusammenlaufen, wo der Strom die Scheibe verlässt. Das Verhältniss wird aber noch das nämliche bleiben, wenn der Leiter irgend eine andere Gestalt hat, und die Zu- und Ableitung des Stromes an zwei beliebigen Puncten geschieht. Immer wird der Leiter von einem System von Strömen durchflossen sein, welche alle von dem Zuleitungs- nach dem Ableitungspuncte gehen, und den ganzen Leiter erfüllen, indem sich die letzten der Oberfläche des Leiters anschliessen. Fig. 19 stellt ein solches System von Strömen vor in einem

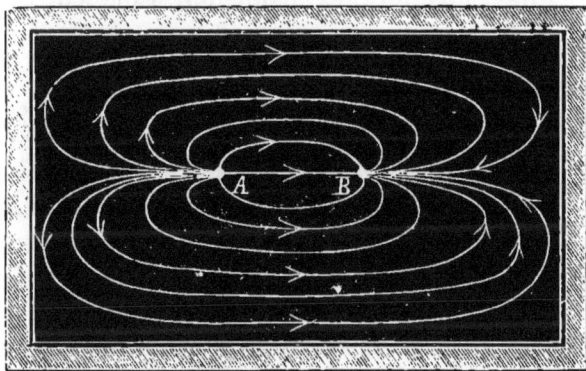

Fig. 19.

viereckigen Leiter, wo die Zu- und Ableitung an zwei Puncten, die ohngefähr gleichweit von der Mitte abstehen, geschieht.

Wenn man den Gang berücksichtigt, welchen die einzelnen Stromfäden nehmen, so sieht man leicht, dass an den Puncten A und B die Stromdichte am grössten ist und mit der Entfernung von diesen Puncten immer mehr abnimmt. Denn durch die Puncte A und B strömt die ganze Electricitätsmenge, welche durch den Leiter überhaupt hindurchgeführt wird, während sie sich an allen anderen Puncten über einen grösseren Raum vertheilt. Auch geschieht diese Vertheilung nicht gleichmässig, da die Stromfäden an Stärke abnehmen, je mehr sie von der A und B verbindenden geraden Linie abweichen. Je näher die Puncte A und B einander liegen, desto schneller nehmen die Ströme, welche sich nicht direct durch die gerade Verbindungslinie AB ergiessen an Stärke ab, um so schneller vermindert sich daher auch die Stromdichte mit der Entfernung von den Puncten A und B. Es ist daher leicht einzusehen, dass diejenigen Wirkungen des electrischen Stromes, welche von der Stromdichte abhängen, schon in einiger Entfernung von den Puncten A und B ganz unmerklich werden können.

Diese Gesetze der Stromvertheilung in unregelmässigen Leitern finden eine wichtige Anwendung in der Electrotherapie. Setzt man die Pole einer Kette an zwei beliebige Puncte des menschlichen Körpers, so wird von diesen aus der Strom sich durch den g a n z e n Körper verbreiten in einer Unzahl von mehr oder weniger gekrümmten Stromfäden, welche alle in den Ansatzpuncten zusammenlaufen. Aus dem Vorhergehenden ist klar, dass die Wirkungen dieser Ströme an den Ansatzpuncten selbst am mächtigsten, demnächst am stärksten auf der Verbindungslinie zwischen beiden sein, mit der Entfernung von diesen Puncten aber schnell abnehmen muss. Aus diesem Grunde ist es möglich, dass der Strom an den Ansatzpuncten starke Wirkungen ausübt, während er schon in geringer Entfernung ganz unmerklich wird. Je näher die Ansatzpuncte, desto leichter wird eine solche L o c a l i s a t i o n der Wirkung sein. DUCHENNE war es, der zuerst practische Anwendung hiervon machte und lehrte, wie man einzelne Muskeln, ja Theile von Muskeln isolirt reizen könne. Liegen auf dem Wege der Stromescurven Gebilde, welche sich durch eine grössere Empfindlichkeit gegen den electrischen Strom auszeichnen, als ihre Umgebung hat, so können an diesen Puncten aber selbst in grösserer Entfernung von den Electroden sich Wirkungen geltend machen trotz der geringeren Stromdichte. Solche Fälle kommen auch in physiologischen Versuchen vor und können hier zu Täuschungen Anlass geben.

Denken wir uns an den von Strömen durchflossenen
Leiter einen zweiten Leiter angelegt, durch dessen Berührung jedoch keine electromotorischen Kräfte erregt werden
sollen, so werden sich auch durch diesen die Ströme ergiessen, das Ganze wird ein neues System von anderer Gestalt darstellen. Hierin wird aber auch Nichts geändert,
wenn der angelegte Leiter, den wir uns von linearer Gestalt denken wollen, den körperlichen Leiter nur in zwei
Puncten berührt. Es wird sich dann durch diesen Leiter
ein Strom ergiessen, dessen Stärke von dem Widerstande
des Leiters und der Art seiner Anlegung abhängt. Schaltet man in diesen Leiter ein strommessendes Werkzeug
ein, und misst die Stärke des durch ihn sich abzweigenden
Stromes bei verschiedenen Arten der Anlegung an den
körperlichen Leiter, so kann man daraus die Vertheilung
der Ströme in letzterem kennen lernen. Hiervon wird im
9. Capitel ausführlicher die Rede sein. Man nennt den
solchergestalt an einen von Strömen durchflossenen Körper
angelegten linearen Leiter den ableitenden Bogen,
die Anlagerungspuncte heissen die Fusspuncte des Bogens, und die Entfernung der Fusspuncte von einander
seine Spannweite.

Ist der körperliche Leiter nicht, wie wir bisher stillschweigend
angenommen haben, in sich homogen, sondern aus Leitern von verschiedenen Widerständen zusammengesetzt, so ändert sich dadurch natürlich
der Gang der Stromescurven. Denken wir uns den Leiter wiederum in
eine Anzahl gleich dicker Streifen zerlegt, welche alle in dem Ein- und
Austrittspunct des Stromes zusammenlaufen, so werden diejenigen Streifen, welche Theile von geringerem Leitungsvermögen enthalten, natürlich einen grösseren Widerstand bieten. Da nun die durch die einzelnen Streifen gehenden Stromantheile in umgekehrtem Verhältniss zu
ihrem Widerstande stehen, so ist klar, dass durch jene Streifen ein geringerer Stromantheil gehen muss. Eine genauere Verfolgung solcher
Probleme ist jedoch äusserst schwierig. Diejenigen, welche sich mit

dem Gegenstande eingehender bekannt zu machen wünschen, verweise ich auf die Arbeiten von KIRCHHOFF (POGG. Ann. Bd. 64. S. 497. Bd. 67. S. 344. Bd. 75 S 169.), HELMHOLTZ (POGG. Ann. Bd. 89. S. 211 und 353.), SMAASEN (POGG. Ann Bd. 69. S. 161.), BOSSCHA (POGG. Ann. Bd 104, S. 460.) und auf die ausführliche Darstellung in DU BOIS-REYMOND's Untersuchungen über thierische Electricität (Bd. 1. S. 561.) wo die speciellen electrophysiologischen Probleme behandelt sind.

Capitel VIII.

Vom Electromagnetismus und der Erregung electrischer Ströme durch Induction.

—

§. 45. Wir kehren jetzt zu der Betrachtung der Wirkungen electrischer Ströme zurück, welche für die Electrophysiologie und Electrotherapie von Wichtigkeit sind, und betrachten zunächst einige von den Wirkungen, welche ein von einem Strom durchflossener Leiter in die Ferne hin ausübt.

Leitet man um einen Cylinder von weichem Eisen einen Strom, indem man ihn mit einem mit Seide besponnenen Kupferdraht umwickelt, welcher vom Strom durchflossen wird, so wird der Eisenstab magnetisch und erlangt alle Eigenschaften eines auf irgend eine andere Weise magnetisch gemachten Stahlstabes. Das eine Ende des Eisenstabes wirkt jetzt anziehend auf den Nordpol, abstossend auf den Südpol einer Magnetnadel, verhält sich also ebenfalls als Südpol, während das andere Ende den Südpol der Magnetnadel anzieht und den Nordpol abstösst, also ein Nordpol ist.

Welches Ende des Stabes ein Süd- und welches ein
Nordpol wird, das hängt von der Richtung ab, in welcher
der Strom den Stab umkreist. Sieht man nämlich den Stab
von der einen Endfläche her an und kreist der Strom um
ihn in der Richtung des
Zeigers einer Uhr, so ist
dieses Ende ein Südpol; hat
der Strom die umgekehrte
Richtung, so ist es ein Nordpol, wie Figur 20 veran-
schaulicht. Oeffnet man den
Strom, welcher den Cylinder umkreist, so hört dessen
Magnetismus auf, er verhält sich wie ein anderer Eisenstab,
wird jedoch wiederum magnetisch, sobald man den Strom
schliesst.

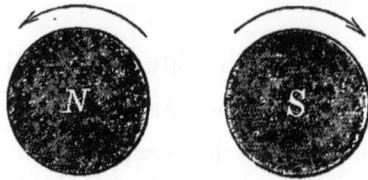

Fig. 20.

Entfernt man den Eisenstab aus der Spirale, so zeigt
sich, dass die vom Strome durchflossene Spirale schon allein magnetische Eigenschaften hat, wenngleich in viel
schwächerem Grade, als wenn der Eisenstab noch darin
war. Das eine Ende der Spirale zieht den Nordpol einer
Magnetnadel an und stösst den Südpol ab, das andere Ende
verhält sich umgekehrt. Es folgt daraus, dass man jedes
Element eines galvanischen Stromes sich ersetzt denken
kann durch einen kleinen Magneten, welcher senkrecht auf
das Stromelement gerichtet ist, und umgekehrt jedes magnetische Element ersetzt denken kann durch einen senkrecht darauf gestellten galvanischen Strom. Die Richtung
des letzteren folgt einfach aus der oben gegebenen Regel.
Daraus ist dann von selbst klar, wie alle Wirkungen, welche der electrische Strom in die Ferne ausübt, auch hervorgebracht werden können durch Magnetstäbe, und dass
diese Wirkungen sehr verstärkt werden, wenn man in die

vom Strom durchflossene Spirale einen weichen Eisenstab
steckt. Denn indem dieser durch den Strom zum Magneten wird, unterstützt er die Wirkungen des Stromes.

§. 46. Seien A und B zwei parallele kreisförmige
Leiter, und A von einem Strom durchflossen, so wird ein
in B eingeschalteter Multiplicator natürlich keine Ablenkung zeigen. Bewegt man jedoch den einen dieser Leiter
mit grosser Geschwindigkeit gegen den anderen, so wird
die Nadel abgelenkt und zeigt hierdurch an, dass in B ein
Strom circulirt, welcher jedoch nur so lange dauert, als
die Bewegung. Die Richtung dieses Stromes ist verschieden je nach der Richtung der Bewegung. Wird nämlich
die Entfernung der beiden Leiter vergrössert, so ist der in
B entstehende Strom gleichgerichtet dem in A circulirenden, werden die Leiter aber einander genähert, so hat der
in B entstehende Strom die entgegengesetzte Richtung, wie
der in A circulirende.

Die Stärke der Ströme, welche solchergestalt bei der
Bewegung durch die Wirkung des in A circulirenden Stromes in B entstehen und welche man Inductionsströme
oder inducirte Ströme nennt, ist um so grösser, mit je
grösserer Geschwindigkeit die Bewegung geschieht, immer
aber äusserst schwach. Man kann dieselben jedoch ausserordentlich verstärken, wenn man jedem der Leiter die Gestalt einer spiralig aufgewundenen Rolle giebt, weil dann
jede Windung des einen Leiters auf jede Windung des
anderen inducirend wirkt. Bewegt man zwei solche
Rollen gegen einander, von denen die eine von einem Strom
durchflossen ist, so kann man schon mit einem wenig empfindlichen Multiplicator die in der zweiten Rolle entstehenden Ströme nachweisen.

§. 47. Stellt man die Rollen ruhig neben einander auf, und schliesst und öffnet abwechselnd den Strom der Rolle A, so sieht man, dass bei jeder Schliessung und Oeffnung in B ein

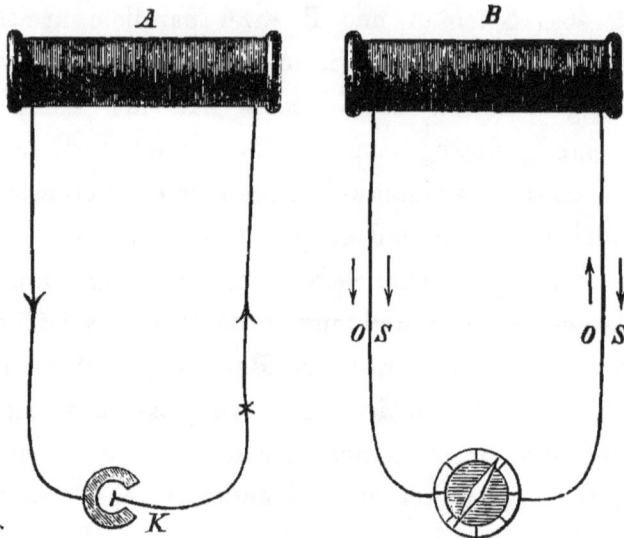

Fig. 21.

Strom entsteht, welcher bei der Schliessung die entgegengesetzte Richtung hat, als der in A circulirende, bei der Oeffnung aber die gleiche Richtung. Diese Ströme dauern immer nur sehr kurze Zeit und verschwinden wieder, wenn der Strom in A geschlossen oder geöffnet bleibt. Ihre Stärke ist um so grösser, je stärker der in A circulirende Strom ist und je näher die beiden Rollen einander stehen, und wenn die Entfernung der Rollen sehr beträchtlich ist, so sind sie selbst mit den empfindlichsten Multiplicatoren nicht mehr nachweisbar. Die Anzahl der Windungen vermehrt ebenfalls die Wirkung. Man giebt daher, um möglichst starke Inductionsströme zu erhalten, der Rolle B möglichst viele Windungen eines recht feinen Drahtes, während man der Rolle A nur wenige

Windungen eines dicken Drahtes giebt, damit ihr Widerstand den durch sie geleiteten Strom nicht zu sehr schwäche. Um die Entfernung der Windungen beider Rollen
möglichst verringern zu können, macht man die eine Rolle
weiter,. so dass die eine in die andere gesteckt werden
kann, wie Fig. 22. zeigt.
Die Rolle B wird ge-
wöhnlich die p r i m ä r e
R o l l e genannt, weil in
ihr der von der Kette
direct gelieferte Strom
circulirt, während man
die Rolle A, in welcher
der durch jenen ersten
erzeugte oder s e c u n-
d ä r e Strom kreist, die
s e c u n d ä r e R o l l e zu
nennen pflegt.

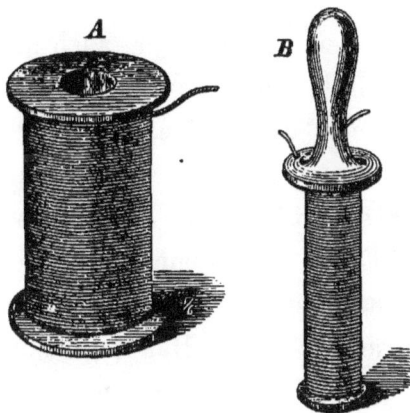

Fig. 22.

Verbindet man die Enden der secundären Spirale mit einander, sei es direct, sei es durch einen beliebigen Leiter, so
gehen beim Schliessen und Oeffnen des primären Stromes die
Inductionsströme durch die Rolle. Bleibt aber die Rolle offen,
so können die Ströme nicht zu Stande kommen. Indem aber
bei dem jedesmaligen Schliessen und Oeffnen des primären
Kreises die inducirende Wirkung stattfindet, wird die neutrale
Electricität der Rolle zersetzt, die positive häuft sich an dem
einen, die negative an dem anderen Ende der Rolle an.
Lässt man die Enden der Rolle in Spitzen auslaufen, welche man einander gegenüberstellt, so können die freien Electricitäten an den Spitzen eine solche Spannung erlangen,
dass sie den Widerstand der Luft überwinden und sich in
Gestalt eines Funkens vereinigen. Setzt man aber das eine

Ende der Rolle oder beide in leitende Verbindung mit dem
Erdboden, so entweicht die freie Electricität nach der Erde, und wenn in diese Ableitung ein Nerv oder Muskel
eingeschaltet ist, so wird derselbe erregt. Man bezeichnet
dies als eine unipolare Inductionswirkung, weil der thierische Theil nur mit einem Pole der Inductionsrolle in Verbindung ist.

Solche unipolare Wirkungen treten aber auch auf,
wenn ein Pol der Inductionsspirale zur Erde abgeleitet ist,
während er mit dem anderen Pole durch einen Leiter von
sehr grossem Widerstande verbunden ist. In diesem Falle
geht ein Theil der freien Electricität, statt durch diesen
schlechten Leiter, direct zur Erde, und wenn auf diesem
Wege thierische Theile vorhanden sind, welche vom Strom
erregt werden können, so geschieht dies. Man sagt dann,
die Inductionsrolle sei im Zustande unvollkommener
Schliessung, welcher den Uebergang bildet zu dem der
ganz ungeschlossenen Spirale.

Aber es bedarf auch gar nicht der Ableitung zur
Erde, um die Erscheinungen der unipolaren Inductionswir-
kungen zu zeigen. Es genügt vielmehr zu diesem Zwecke,
wenn das eine Ende der offenen oder unvollkommen geschlossenen Spirale mit einem isolirten Leiter von grosser
Oberfläche in leitender Verbindung steht. In diesem Falle
strömt die freie Electricität nach dem Leiter, wo sie wegen
der grossen Oberfläche ja nur eine geringe Dichte erlangt.
Ist nun zwischen dem Ende der Spirale und dem Leiter
ein Nerv eingeschaltet, so kann dieser erregt werden.

Dieser letztere Fall der unipolaren Induction kommt
sehr häufig bei physiologischen Versuchen vor und kann
dann zu Täuschungen Veranlassung geben. Leitet man
z. B. einen Inductionsstrom durch einen Nerven, welcher

an einem Ende mit dem thierischen Körper in Verbindung
steht, wie dies ja bei Vivisectionen meist der Fall ist, so
bildet das zwischen den Electroden befindliche Nervenstück
wegen seines beträchtlichen Widerstandes die unvollkom-
mene Schliessung und das ganze Thier den Leiter von
grosser Oberfläche. Auf diesen geht daher ein Theil der
freien Electricität über, und wenn auf dem Wege dahin
ein Nerv erregt wird, so kann der Effect dieser Erregung
leicht fälschlich für den gesuchten Effect des unmittelbar
erregten Nerven genommen werden. Noch viel grösser
wird natürlich die Gefahr einer solchen Täuschung, wenn
das Thier gar nicht isolirt ist.

Will man in physiologischen Versuchen von den unipolaren Wirkungen nicht getäuscht werden, so ist es auch
nöthig, den zu reizenden Nerven vor der unzeitigen Erregung auf unipolarem Wege sicher zu stellen. Wollte man
z. B. zwei Drähte an den Nerven legen, den einen direct
mit dem einen Pole der Inductionsspirale verbinden, den
anderen aber durch einen Schlüssel oder ein Quecksilbernäpfchen unterbrechen, so würde der Nerv stets unipolarer
Erregung ausgesetzt sein. Man verbindet daher die Pole
der Inductionsspirale mit den beiden Klemmen des Schlüssels Fig. 16, und führt von diesem dann zwei Drähte zum
Nerven. So lange der Schlüssel geschlossen ist, bildet er
eine sehr gut leitende Nebenschliessung zum Nerven, und
es geht keine Spur der Inductionsströme durch den letzteren. Oeffnet man aber den Schlüssel, dann ist die Verbindung des Nerven mit den Polen der Inductionsspirale
hergestellt, und die Erregung beginnt.

§. 48. Wie die Windungen zweier Rollen, so wirken übrigens auch die Windungen einer und derselben

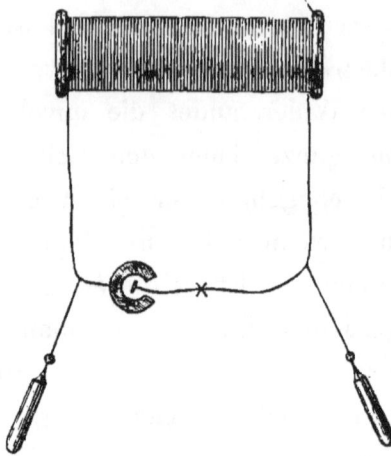

Fig. 23.

Rolle inducirend auf
einander. Leitet man
den Strom einer Ket-
te durch eine Rolle
mit vielen Windungen,
bringt neben der Rol-
le Abzweigungen an,
welche in kupferne
Handhaben auslaufen,
und fasst die Handha-
ben mit den Händen,
so geht, weil der Wi-
derstand des mensch-
lichen Körpers den der Rolle bedeutend übertrifft, fast gar
kein Strom durch den Körper. Wird jetzt der Kreis an
der mit × bezeichneten Stelle unterbrochen, so fühlt man

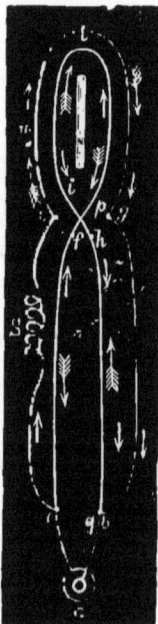

Fig. 24.

einen Schlag herrührend von dem bei der Oeffnung in der Rolle entstehenden Inductionsstrom, der sich, da sonst keine Leitung vorhanden ist, durch den Körper ergiesst. Man
nennt diesen Strom den Extrastrom oder
Extracurrent. Er entsteht auch bei der
Schliessung des Stromes, ist aber hier nicht
leicht nachzuweisen. Die folgende, zuerst von
EDLUND benutzte Anordnung liefert diesen
Nachweis: Der Strom der Kette a theilt sich
bei b und c in zwei Zweige, welche in entgegengesetzter Richtung um eine Magnetnadel
herumgeführt sind.   In den einen Zweig
c c m t g b ist die Spirale S eingeschaltet, der
andere Zweig c f p i h b enthält einen Widerstand, welcher dem von S gleich, aber zick-

zackförmig ausgespannt ist. Es gehen also um die Magnetnadel zwei gleich starke, aber entgegengesetzt gerichtete
Ströme, wie die ungefiederten Pfeile zeigen, und es kann
daher keine Ablenkung der Nadel erfolgen. Schliesst man
nun den Strom, indem man den einen Pol der Kette, q, in
ein bei b angebrachtes Quecksilbernäpfchen taucht, so wird
die Nadel abgelenkt im Sinne des Zweiges c f p i h b, kehrt
aber bald wieder auf den Nullpunkt zurück. Denn der im
anderen Zweige entstehende Strom wird anfänglich durch
den in der Spirale S entstehenden Extrastrom, welcher
ja die entgegengesetzte Richtung hat, als der Hauptstrom,
geschwächt, und jener muss daher zeitweise das Uebergewicht haben. Oeffnet man aber die Kette, so hört der
Hauptstrom ganz auf, in der Spirale S entsteht ein Extrastrom, welcher dem Hauptstrom gleichgerichtet ist, und
dieser ergiesst sich durch beide Zweige in gleicher Richtung, wie die gefiederten Pfeile zeigen. Man erhält daher
eine Ablenkung der Nadel in entgegengesetzter Richtung
als bei der Schliessung.

§. 49. Nähert man einer Rolle, welche mit dem Multiplicator in Verbindung steht, schnell einen Magnetstab,
so wird ebenfalls in der Rolle ein Strom inducirt. Ebenso
entsteht ein Strom in der Rolle, aber in entgegengesetzter
Richtung als vorher, wenn man den Magneten schnell entfernt. Die Richtung dieser Ströme kann man leicht bestimmen, wenn man sich statt des Magnetstabes einen Electromagneten denkt und beachtet, in welcher Richtung der
Strom um diesen circuliren müsste, um in ihm dieselbe Vertheilung des Magnetismus zu erzielen, als der Magnetstab
hat. Bei der Annäherung ist dann der in der Rolle entstehende Strom entgegengesetzt, bei der Entfernung gleich-

gerichtet, wie jener hypothetische den Magnetstab umkrei-
sende Strom.

Aus dem Gesagten geht hervor, dass die bei der Bewegung zweier Rollen gegeneinander entstehenden Inductionsströme, von welchen im §. 46 die Rede war, ungemein
verstärkt werden müssen, wenn man in die Rolle A, welche
vom primären Strom durchflossen wird, einen weichen Eisenstab hineinsteckt. Denn indem dieser zum Electromagneten wird, summiren sich die inducirenden Wirkungen
der Rolle und des Magneten. Ebenso werden die im §. 47
besprochenen Ströme, welche bei der Schliessung und Oeffnung eines Stromes entstehen, ungemein verstärkt, wenn
man in die primäre Rolle einen weichen Eisenstab steckt.
Denn indem dieser beim Schluss der Kette plötzlich zum
Magnet wird, wirkt er gerade so, als ob ein Magnet aus
unendlicher Entfernung (wo seine Wirkung Null ist) plötzlich ganz nahe herangebracht würde, und indem beim Oeffnen der Kette sein Magnetismus plötzlich verschwindet, ist
es als ob der Magnet plötzlich in unendliche Ferne ent-
rückt würde. In beiden Fällen müssen aber die inducirenden Wirkungen der Magnete dieselben sein, wie die der
Rollen selbst, also jene wesentlich verstärken.

Die Inductionsströme sind sehr heftiger physiologischer Wirkungen fähig. Sie nähern sich in dieser Beziehung sehr den Strömen der Leydener Flaschen, denen sie
ja auch in Bezug auf ihre kurze Dauer gleichen. Wir
wollen hier nur andeuten, dass gerade in dieser kurzen
Dauer die Ursache ihrer starken physiologischen Wirkung
liegt, weil sich dadurch einige auffällige Erscheinungen er-
klären, welche für die Construction der Inductionsapparate
von Wichtigkeit sind.

§. 50. Legt man nämlich in die Höhlung der inneren Rolle des in Fig. 22. dargestellten Inductionsapparates einen weichen Eisenstab, und vergleicht die physiologische Wirkung der Inductionsschläge mit und ohne denselben, (was sehr gut nach der Empfindung geschehen kann, welche sie z. B. in den Armen hervorrufen) so wird man finden, dass diese nicht so sehr verstärkt ist, als man nach der Zunahme der magnetischen Wirkung erwarten sollte. Ersetzt man nun den Eisenstab durch ein Bündel weicher Eisendrähte, so erscheint die physiologische Wirkung ungemein verstärkt. Der Grund dieser stärkeren Wirkung des Drahtbündels erhellt aus folgender Betrachtung:

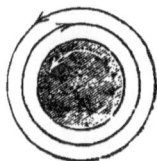

Stellt in Fig. 25. der mittlere Kreis die primäre Rolle, der äussere Kreis die secundäre Rolle und der mittelste schraffirte Kreis den massiven Eisenstab vor, so entsteht bei der Schliessung des · primären Stromes nicht nur in der secundären Rolle ein Inductionsstrom, sondern auch in der Masse des Eisenkernes, welcher ja auch ein Leiter ist. Dieser letztere nun wirkt bei seinem Entstehen wieder inducirend auf die secundäre Spirale, und zwar in entgegengesetzter Richtung als die primäre Spirale. Der Inductionsstrom der secundären Spirale erleidet dadurch eine solche Verzögerung dass seine physiologische Wirkung beträchtlich geschwächt wird. Derselbe Vorgang wiederholt sich bei der Oeffnung des Stromes. Besteht der Eisenkern jedoch aus einem Bündel dünner Drähte, welche durch einen Firnissüberzug oder auch nur durch die dünne Oxydschicht, welche sich beim Ausglühen gebildet hat, von einander isolirt sind, so kann der innere Inductionsstrom nicht entstehen, mithin

Fig. 25.

fällt die physiologische Wirkung des in der secundären
Spirale entstehenden Stromes stärker aus.

Auf demselben Vorgange beruht auch die schwächende
Wirkung, welche ein zwischen der primären und der secundären Spirale eingeschobener Leiter ausübt. Denken
wir uns zwischen den beiden Spiralen eine kupferne Röhre
eingeschoben, so spielt diese dieselbe Rolle, wie vorher der
massive Eisenkern. Zieht man die kupferne Röhre allmählich heraus, so wird ihre schwächende Wirkung immer geringer. Einer solchen Röhre bedient sich DUCHENNE bei
seinen Inductionsapparaten, um die Wirkung derselben nach
Belieben abzustufen.

§. 51. Die verzögernde Wirkung, welche massive
Eisenkerne oder die eben erwähnte Kupferröhre ausüben,
bringt aber auch die primäre Spirale selbst schon hervor
durch den in ihr selbst entstehenden Extrastrom. Schliesst
man den Strom in der primären Spirale, so entsteht in ihr
zugleich der Extrastrom und dadurch wird der in der secundären Spirale inducirte Strom verzögert und seine Wirkung geschwächt. Bei der Oeffnung aber kann der Extrastrom in der primären Spirale nicht zur Erscheinung
kommen, da eben durch die Oeffnung des Kreises ihm die
Möglichkeit genommen ist, sich durch denselben zu ergiessen. Die Folge davon ist, dass die physiologische Wirkung des Oeffnungsinductionsstromes die des Schliessungs-
inductionsstromes bedeutend übertrifft. Will man, wie es
zu manchen physiologischen Zwecken nothwendig ist, die
Wirkung beider Ströme gleich stark machen, so muss man
auch dem Oeffnungsextrastrome Gelegenheit bieten, sich
abgleichen zu können. Dies erreicht man auf folgende
Weise: Man verbindet die Enden der primären Rolle mit

den beiden Klötzen des Schlüssels Fig. 16. und die Pole
der Kette mit den anderen Schrauben derselben Klötze.
Der Schlüssel bildet dann eine Nebenschliessung zur primären Rolle. Ist er geschlossen, so geht, da sein Widerstand bedeutend geringer ist, als der der Rolle, nur ein
sehr geringer Bruchtheil des Stromes durch die Rolle.
Oeffnet man den Schlüssel, so wird der Strom in der Rolle
plötzlich sehr stark, dadurch wird in der secundären Spirale ein Strom inducirt und dieser wird durch den gleichzeitig in der primären Spirale entstehenden Extrastrom
verzögert. Schliesst man den Schlüssel wieder, so wird
der Strom der primären Spirale sehr schwach. Dies wirkt
inducirend auf die secundäre Spirale, ebenso als hätte man
den Strom ganz geöffnet. Da sich jetzt aber der in der
primären Spirale entstehende Oeffnungsextrastrom durch
den Schlüssel abgleichen kann, so wirkt er ebenfalls verzögernd auf den Strom der secundären Spirale, welcher
daher jetzt nicht mehr stärker wirkt, als der Schliessungsinductionsstrom.

Die richtige Erklärung der stärkeren Wirkung der Drahtbündel
im Vergleich zu der der Eisenkerne gab zuerst M A G N U S, und D O V E
wies nach, dass die Schwächung der physiologischen Wirkung in einer
Verzögerung der Inductionsströme bestehe. Liess er nämlich in zwei
ganz gleichen Rollen durch einen und denselben Strom Inductionsströme
entstehen, welche in entgegengesetzter Richtung um eine Magnetnadel
gingen, legte dann in die eine Rolle einen massiven Eisenstab, in die
andere ein Drahtbündel, welches durch den primären Strom schwächer
magnetisch wurde, als der massive Kern, so musste auch der in der
letzteren Rolle erregte Inductionsstrom schwächer sein, als der in der
ersteren erregte. Dennoch sah er, dass jedesmal die Nadel zuerst eine
zuckende Bewegung im Sinne des Stromes machte, dessen Rolle das
Drahtbündel enthielt, um dann erst durch den anderen Strom in entgegengesetzter Richtung und zwar viel stärker abgelenkt zu werden. Siehe
Dove, Untersuchungen im Gebiete der Inductionselectricität. Berlin 1843.

§. 52. Schliesst und öffnet man den Strom der primären Rolle oft hinter einander, so erhält man in der secundären Rolle eine Reihe von abwechselnd gerichteten
Strömen. Da diese in der Physiologie und Therapie
sehr vielfach angewandt werden, so ist man bemüht gewesen, möglichst zweckmässige Apparate zu construiren,
welche solche Ströme liefern. Das Schliessen und Oeffnen der Kette geschieht sehr leicht durch ein soge-
nanntes Blitzrad. Dasselbe besteht aus einem gezahnten
Messingrade, welches mit seiner Messingaxe in Messingpfei-
lern drehbar ist. Vor dem Rade ist ein federnder Draht
befestigt, welcher auf den Zähnen des Rades schleift und
beim Drehen des Rades von einem Zahn auf den andern
überspringt. Leitet man den Strom durch Rad und Draht
und dreht das Rad schnell um seine Axe, so wird der
Strom schnell hintereinander geschlossen, so oft der Draht
einen neuen Zahn berührt und unterbrochen, so oft der
Draht den Zahn wieder verlässt.

Dieses Schliessen und Oeffnen des Stromes kann man
aber noch zweckmässiger durch den Strom selbst verrich-
ten lassen, indem man in den Strom einen selbstthäti-
gen electromagnetischen Hammer einschaltet. Dieser sinnreiche von einem Frankfurter Mechaniker WAGNER
erfundene Apparat ist in Fig. 26 (s. folg. Seite) abgebildet, und
zwar in der verbesserten Form, welche ihm von HALSKE ertheilt
worden ist. Der Strom der Kette tritt durch die Säule A
in den Hebel h h₁, welcher durch eine Spiralfeder gegen
die Schraube s gedrückt wird. Von s gelangt der Strom
zu den Windungen eines kleinen Electromagneten, und
nachdem er diese durchlaufen, durch die Säule B zur Kette
zurück. Ueber den Polen des Electromagneten schwebt,
am Hebel h h₁ befestigt, ein Anker von weichem Eisen.

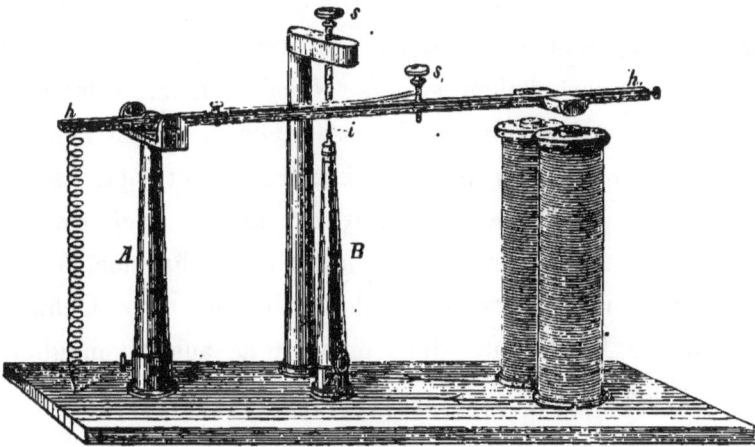

Fig. 26.

Indem dieser von dem Electromagneten angezogen wird, reisst er den Hebel h h₁ von der Spitze der Schraube s und unterbricht den Strom. Dadurch aber verliert der Electromagnet seinen Magnetismus, er lässt den Anker los, und der Hebel h h₁ wird durch die Wirkung der Spiralfeder wieder gegen die Schraube s angedrückt. Indem dadurch der Strom wieder geschlossen wird, erlangt der Electromagnet wieder seine Kraft, zieht den Anker wieder an und unterbricht den Strom u. s. f. so lange die Kette zwischen den Säulen A und B eingeschaltet bleibt.

Man kann diesen Hammer auch zu kleinen mechanischen Arbeiten verwenden, z. B. zum mechanischen Tetanisiren des Nerven, wie dies HEIDENHAIN gethan hat. Man befestigt dann die nöthigen Vorrichtungen an dem Hebel h h₁. Damit der Hammer aber einen regelmässigen und kräftigen Gang habe, ist noch folgende Einrichtung getroffen: Auf der oberen Fläche des Hebels h h₁ ist eine kleine Feder von Neusilber angebracht und auf dieser ein Platinplättchen, welches an der Platinspitze der Schraube s anliegt. Indem nun der Anker angezogen wird und der He-

bel sich in Bewegung setzt, wird der Strom noch nicht sogleich unterbrochen, sondern erst etwas später, wenn der
Kopf des Schräubchen s_1 die Neusilberfeder erfasst hat
und von der Schraube s abreisst. Durch diesen längeren
Schluss des Stromes hat der Electromagnet Zeit, seinen
vollen Magnetismus zu erlangen und kräftig anziehend auf
den Anker zu wirken. Der Platincontact hat den Zweck,
die zerstörende Wirkung, welche der bei der Oeffnung
entstehende Funke auf die Contactstelle ausübt, möglichst
zu verringern.

§. 53. Soll dieser Hammer mit einem Inductionsapparat verbunden werden, so schaltet man die primäre Rolle
zwischen der die Schraube s tragenden Säule und dem
Electromagneten ein. Indem dann durch das Spiel des
Hammers der Strom in der primären Rolle fortwährend
geschlossen und unterbrochen wird, entstehen in der secundären Rolle die abwechselnd gerichteten Inductionsströme. Es ist NEEFF's Verdienst, diesen Hammer mit
dem Inductionsapparat zuerst verbunden zu haben. Seit-
dem sind alle Inductionsapparate nach dem Muster des
NEEFF'schen gebaut worden, und es wird daher genügen,
einen derselben u. z. den vollkommensten zu beschreiben,
nämlich DU BOIS-REYMOND's Schlittenmagnetelec-
tromotor, so genannt, weil die Erregung der Ströme
durch die inducirende Wirkung des magnetisirten Drahtbündels geschieht, und weil die secundäre Spirale auf einem
Schlitten beweglich ist, um durch die verschiedene Entfernung derselben von der primären die Stärke der Ströme
abstufen zu können.

Der Apparat von DU BOIS ist in Fig. 27 abgebildet.
Der Strom der Kette tritt durch die Säule 3 in eine Neu-

silberfeder, welche hier den Hebel hh₁ des Hammers Fig.
26 vertritt. Sie ist so gebogen, dass ein auf ihrer oberen
Fläche aufgelöthetes Platinplättchen an der Platinspitze

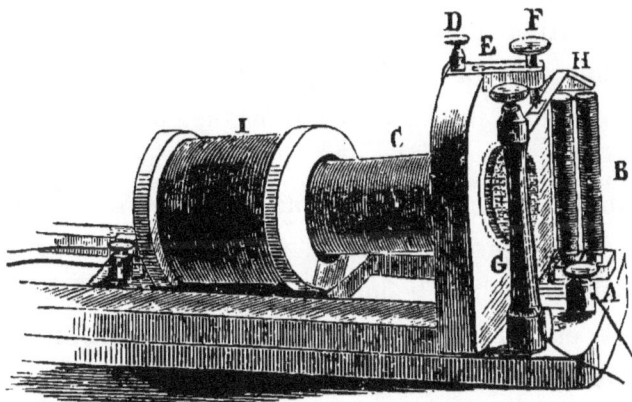

Fig. 27.

der Schraube F anliegt. Von F geht der Strom durch den
Messingklotz E und die Klemme D zur primären Spirale
C, durchläuft dieselbe, gelangt dann zu den Windungen
des kleinen Electromagneten B, und von da durch die
Klemme A zur Kette zurück. Ueber dem Electromagneten
B schwebt der an der Neusilberfeder befestigte Anker H.
Indem dieser von B angezogen wird, reisst er das Platinplättchen von der Schraube F ab, und öffnet den Strom;
und indem hierdurch B seinen Magnetismus verliert, kehrt
die Feder in ihre Lage zurück und schliesst den Strom
wieder. So kommt dasselbe Spiel zu Stande, wie bei dem
oben beschriebenen Hammer, und in der secundären Spirale J werden fortwährend Ströme inducirt, deren Stärke
durch Verschieben der Rolle beliebig abgestuft werden
kann.

Um die bedeutende Ungleichheit in der Wirkung der
Schliessungs- und Oeffnungsinductionsströme zu vermeiden
(s. §. 50.) hat HELMHOLTZ eine sinnreiche Modification

an dem Magnetelectromotor angebracht. Schraubt man
nämlich die Schraube s an dem in Fig. 26 dargestellten
Hammer so hoch, dass das Platinblättchen des Hebels h h₁
ihr nicht mehr anliegt, und bringt zwischen der Säule A
und dem Anfange der primären Spirale eine Verbindung
durch einen Draht an, so geht der Strom durch die primäre Rolle und um den Electromagneten; dieser zieht den
Anker an und würde ihn dauernd angezogen halten.
Schraubt man jedoch die Spitze i so in die Höhe, dass
sie bei der Abwärtsbewegung des Hebels h h₁ ein an der unteren Seite desselben befindliches Platinplättchen berührt, so
ist jetzt eine Leitung hergestellt vom positiven Pol der
Kette durch die Säule A, den Hebel h h₁, die Spitze i und
die Säule B zum negativen Pol der Kette, und da diese
Nebenschliessung einen sehr geringen Widerstand hat,
so wird der Strom in der primären Spirale und um den
Electromagneten fast Null, der Electromagnet lässt den
Anker los, der Hebel wird durch die Spiralfeder gehoben
und die Nebenschliessung unterbrochen. Dadurch erlangt
der Strom in der primären Rolle wieder seine frühere
Stärke, der Electromagnet zieht den Anker wieder an u. s. f.
Man sieht also, dass der Apparat ganz ebenso spielt, wie
bei der früheren Anordnung, da aber die primäre Spirale
stets zum Kreise geschlossen bleibt, so kann sich in ihr
der Extrastrom stets entwickeln, die beiden in der secundären Spirale entstehenden Inductionsströme werden also
beide verzögert und sind daher in ihren Wirkungen mehr
gleich. Diese Anordnung lässt sich natürlich auch auf den
vereinfachten Unterbrecher des DU BOIS'schen Apparates
übertragen.

Absolut gleich werden die beiden Inductionsströme nicht; da
nämlich der Widerstand des Hebels h h₁, bezüglich der Neusilberfeder,

sehr klein ist im Vergleich zu dem der Kette, so wird der Extrastrom, welcher bei der Schliessung der Nebenschliessung, wenn der Hebel die Spitze i berührt, entsteht, etwas stärker, also der in der secundären Rolle entstehende Inductionsstrom etwas schwächer, als der andere. Nur wenn der Widerstand der primären Rolle sehr gross wäre, so dass der Widerstand der Säule gegen ihn als unendlich klein angesehen werden könnte, würde man absolute Gleichheit erzielen.

§. 54. Auch für therapeutische Zwecke sind die DU BOIS'schen Schlittenapparate die besten, doch baut man sie zu diesem Behuf grösser, während der Schlitten nicht so lang zu sein braucht. Auch pflegt man den ganzen Apparat in einen Kasten einzuschliessen, um ihn leichter transportiren zu können. Die meisten Schriftsteller über Electrotherapie haben es für ihre Pflicht gehalten, irgend eine unwesentliche Modification an dem Apparat vorzunehmen, welche alle zu beschreiben zu weit führen würde.

Die durch Stahlmagnete inducirten Ströme wurden früher fast ausschliesslich zu therapeutischen Zwecken verwandt. Einen Apparat, der solche Ströme liefert, stellt Fig. 28 dar. Vor den Polen des starken Hufeisenmagneten N S werden zwei Cylinder von weichem Eisen, die so genannten Kerne, welche auf einer gemeinschaftlichen Platte von weichem Eisen festgeschroben sind, mit Hülfe einer Kurbel in schnelle Rotation versetzt. Auf jeden Kern schiebt man eine Inductionsrolle. Indem man nun die Kurbel dreht, werden in beiden. Rollen Ströme inducirt. Denn die Rollen nähern

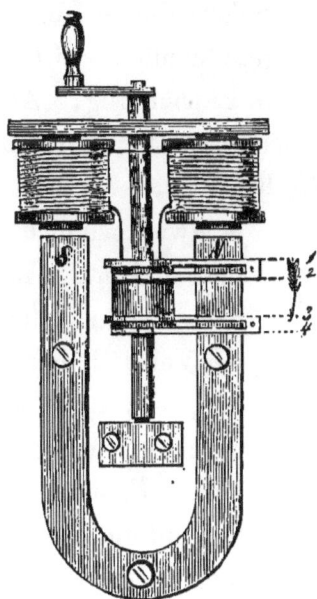

Fig. 28.

und entfernen sich abwechselnd von den betreffenden Magnetpolen. Es ist aber die Richtung der inducirten Ströme
in der einen Rolle stets entgegengesetzt, als in der anderen und in jeder einzelnen Rolle während der einen Hälfte
der Umdrehung entgegengesetzt, als während der anderen.
Denn bei der einen Hälfte der Umdrehung entfernt sich
die eine Rolle von dem Nordpol und nähert sich dem Südpol, bei der anderen Hälfte der Umdrehung ist es gerade
umgekehrt. Die andere Rolle aber befindet sich stets in
entgegengesetzter Phase. Indem man nun die beiden Rollen passend mit einander verbindet, kann man machen,
dass die Ströme beider in gleicher Richtung durch einen
zwischen ihnen eingeschalteten Leiter sich ergiessen. Diese
Ableitung pflegt man meist so einzurichten, dass die Richtung der Ströme gerade in dem Moment umgekehrt wird,
wo die Rollen vor den Polen vorbeigehen, so dass also die
Richtung der Ströme in dem zwischen den Rollen eingeschalteten Körper stets dieselbe bleibt. Solche Vorrichtungen
nennt man Commutatoren. Der gebräuchlichste Commutator, der Stöhrer'sche, hat folgende Einrichtung: Auf
der Axe, um welche sich die Inductionsspiralen drehen
sind vier Kämme 1, 2, 3, 4 Fig. 29 befestigt, von denen
je zwei, nämlich 1
und 4, 2 und 3 mit
einander in leiten-
der Verbindung ste-
hen, von den an-
deren jedoch isolirt
sind. Es ist näm-
lich auf die Axe n n
zuerst das Rohr

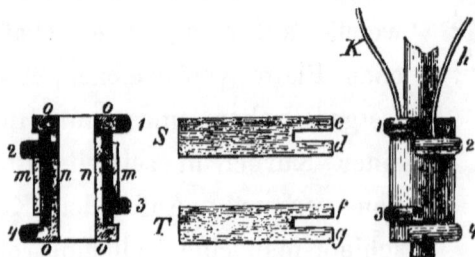

Fig. 29.

0000 geschoben, welches die Kämme 1 und 4 trägt, und

dann auf dieses, von ihm durch Siegellack gut isolirt, das
Rohr mm mit den Kämmen 2 und 3. Mit jedem dieser
Kammpaare ist ein Ende der Inductionsspiralen leitend
verbunden. Die Kämme sind etwas mehr als halbkreis-
förmig und abwechselnd gestellt, so dass sie mit ihren En-
den ein wenig übereinander greifen. Zwei Federn S und
T, welche vorn gespalten sind, schleifen auf den Kämmen.
In der Figur sind sie etwas abgerückt. Denken wir uns
die·Federn angelegt, so schleift der Zahn c der Feder S
auf dem Kamme 1, und der Zahn f der Feder T auf dem
Kamme 3. Würde aber der Commutator um 180° gedreht,
so käme d auf 2, g auf 4 zu liegen, Es ist also beim
Drehen der. Axe während einer halben Umdrehung das
Ende K der Inductionsspiralen mit der Feder S und das
Ende h mit der Feder T verbunden, während es bei der
anderen halben Umdrehung gerade umgekehrt ist. Stellt
man nun die Kämme so, dass diese Umkehr der Verbindungen in dem Augenblick stattfindet, wo die Inductionsspiralen gerade vor den Polen des Magneten vorbeigehen,
so bleibt die Stromesrichtung in einer zwischen S und T
angebrachten Leitung stets dieselbe.

Die Stärke des Stromes, welchen ein solcher Apparat
liefert, hängt ab von der Stärke des Stahlmagneten, der Beschaffenheit der Inductionsspiralen, der Geschwindigkeit ihrer
Drehung und von der Entfernung, in welcher sie beiden Magnetpolen vorübergehen. Die Entfernung der Rollen von den Polen -
ist natürlich während der Drehung veränderlich, also auch die
Stromstärke, welche am grössten ist in der Zeit, wo die
Rollen gerade vor den Magnetpolen vorübergehen. Durch
dieses allmähliche An- und Abschwellen der Ströme wird
die physiologische Wirkung, wie wir gesehen haben, sehr
verringert. Da nun die Kämme des Commutator etwas

übereinander greifen, so ist gerade im Moment der grössten Stromstärke eine Verbindung zwischen den Kämmen durch die Federn hergestellt und die Inductionsrollen sind also in sich metallisch geschlossen. Indem nun plötzlich diese Schliessung unterbrochen wird, entsteht in den Rollen ein starker Extrastrom, welcher sich durch die zwischen den Federn eingeschaltete Leitung ergiesst und sehr kräftiger physiologischer Wirkungen fähig ist.

Der Vortheil dieser Apparate welche man Saxton'sche Maschinen (da sich Saxton viel Verdienste um ihre Verbesserung erworben hat) oder auch magneto- electrische Rotationsapparate nennt, besteht darin, dass sie jeder Zeit zum Gebrauch bereit sind, während die Magnetelectromotoren immer erst eines galvanischen Elementes bedürfen. Dieser Vortheil wird jedoch mehr als aufgewogen durch die Uebelstände dass man erstens stets eines Gehülfen bedarf, um den Apparat in Gang zu setzen und zweitens die Abstufung in der Stärke der Ströme nur mangelhaft ist. Sie geschieht dadurch dass man die Rollen mehr oder weniger nahe den Magnetpolen rotiren lässt, oder die Pole des Magneten durch einen Anker verbindet, wodurch man seine inducirende Wirkung bedeutend schwächt und zwar um so mehr, je näher den Enden man den Anker auflegt

Capitel IX.

Von der Einrichtung und dem Gebrauch des Multiplicator.

———

§. 55. Wir haben schon oben §. 20. gesehen, auf welche Weise man die Wirkung des electrischen Stromes auf die Magnetnadel benutzen kann, um das Vorhandensein eines Stromes und seine Richtung zu bestimmen, haben auch in der Tangentenbussole ein Instrument kennen gelernt, um mit Hülfe dieser Ablenkung die Stromstärke zu messen. Wir wollen uns nun genauer mit der Einrichtung solcher Instrumente beschäftigen, welche besonders zum Erkennen sehr schwacher Ströme geeignet und die Regeln besprechen, welche bei ihrer Handhabung zu beachten sind.

Die Empfindlichkeit eines Multiplicator kann sehr gesteigert werden durch Vermehrung seiner Windungszahl, so lange nur die äussersten Windungen nicht allzuweit von der Nadel entfernt sind, damit sie noch ihre Wirkung äussern können. Man nimmt daher zu den Multiplicatoren möglichst feinen Draht, um recht viele Windungen auf

einen möglichst kleinen Raum bringen zu können. Die
neueren zu physiologischen Zwecken gebrauchten Multiplicatoren haben an 30000 Windungen und mehr. Solche
Multiplicatoren bieten natürlich dem Strom einen beträchtlichen Widerstand, wenn jedoch, wie wir dies bei unseren
Betrachtungen voraussetzen, thierische Theile im Kreise
sind, so schadet dies Nichts, denn da die thierischen Theile
schon einen bedeutenden Widerstand haben, so wird die
Stromstärke durch den Widerstand des Multiplicators nicht
so viel herabgesetzt, um den Vortheil aufzuheben, welchen man durch Vermehrung der Windungen erreicht.

Um jedoch, falls es nöthig sein sollte, mit einem
Drahte von geringerem Widerstand arbeiten zu können,
windet man nicht die ganze Länge des Drahtes hintereinander auf, sondern man legt den Draht doppelt und windet ihn dann auf, wodurch man also zwei genau neben
einander herlaufende Drahtlängen erhält. Gesetzt der Multiplicator hätte 15000 solcher Doppelwindungen. Die vier
Enden dieser beiden Drähte wollen wir mit A, E, a, e
bezeichnen. Schliesst man den Kreis zwischen A und E,
so hat man also einen Multiplicator von 15000 Windungen.
Der daneben laufende Draht mit den Enden a, e bleibt
dann unbenutzt. Verbindet man E mit a, und schliesst
den Kreis zwischen A und e, so muss der Strom beide
Windungen nach einander durchlaufen, man hat also einen
Multiplicator von 30000 Windungen. Verbindet man endlich A und a einerseits, E und e andrerseits mit einander
und schliesst den Kreis zwischen diesen, so theilt sich der
Strom gleichmässig zwischen die beiden Windungen, man
hat also jetzt einen Multiplicator von 15000 Windungen
und dem doppelten Querschnitt des Drahtes, also halb so
grossem Widerstand, als wenn man nur einen Draht an-

wendet, und viermal geringeren Widerstand als wenn man die zweite Anordnung trifft.

§. 56. Wenn ein Strom auf eine Magnetnadel wirkt, so nimmt die Nadel eine Stellung ein, welche die Resultirende ist aus der Wirkung des Stromes und der Wirkung des Erdmagnetismus. Wäre es also möglich, die Wirkung des Erdmagnetismus aufzuheben, oder wenigstens bedeutend zu verringern, so müsste die Empfindlichkeit des Multiplicator in demselben Maasse wachsen. Dies ist nun in der That möglich. Verbindet man nämlich zwei gleich starke Magnetnadeln so mit einander, dass ihre gleichnamigen Pole nach entgegengesetzten Richtungen gekehrt sind, so kann der Erdmagnetismus gar keine Richtkraft auf dieselben ausüben. Ein solches Nadelpaar nennt man daher ein astatisches, weil es in Folge des Erdmagnetismus keine stabile Gleichgewichtslage hat. Hängt man nun ein solches Nadelpaar so in ein Multiplicatorgewinde ein, dass die eine Nadel oberhalb, die andere innerhalb der Windungen hängt, so werden beide Nadeln durch den Strom in gleichem Sinne abgelenkt, wie dies nach der AMPÈRE'schen Regel leicht einzusehen ist. Ein solcher Multiplicator muss also eine ganz ungemeine Empfindlichkeit haben. Es ist NOBILI's Verdienst diese bedeutende Verbesserung an den Multiplicatoren angebracht zu haben.

§. 67. Es ist nicht leicht, zwei Nadeln so zu streichen, dass sie genau gleich magnetisch werden. Fügt man daher zwei Nadeln zusammen, so wird gewöhnlich die eine das Uebergewicht haben und das System wird sich daher in dem Meridian einstellen und wird, wenn man es daraus ablenkt, nach mehr oder weniger zahlreichen Schwingungen in denselben zurückkehren. Je mehr die eine Nadel

die andere überwiegt, um so stärker wird die Richtkraft
sein, welche das System noch hat, um so schneller wird es
daher schwingen, wenn man es aus dem Meridian abgelenkt hat. Streicht man nun diejenige Nadel, welche sich
als die stärkere erweist (welche die Richtung des ganzen
Systems bestimmt) vorsichtig mit dem gleichnamigen Pol
eines sehr schwachen Magneten, um sie zu schwächen, und
so der anderen gleich zu machen, so wird die Schwingungsdauer immer grösser werden, je mehr man sich der wirk-
lichen Astasie des Systems nähert. Man wird aber dann
meist finden, dass die Nadeln jetzt nicht mehr im Meridian
bleiben, und wenn man die Nadeln so gleich gemacht hat,
als nur irgend möglich, so werden sie nicht in jeder beliebigen Lage im Gleichgewicht sein, sondern sie werden
sich senkrecht auf den Meridian stellen. Der Grund
dieser Erscheinung, welche man die freiwillige Ablenkung astatischer Nadelpaare nennt, ist folgender:

Wenn man zwei Nadeln mittelst eines Stückes Metall,
Schildpatt oder aus sonst einem
Material zu einem astatischen System verbindet, so ist es sehr
schwer, sie absolut parallel zu
stellen, oder wenn sie parallel
sind, sie in dieser Lage zu erhalten. Gesetzt nun, die vertica-
len Ebenen, welche man durch
die beiden Nadeln legt, machten
einen Winkel α miteinander, welcher natürlich sehr klein ist. Die
Nadel NS Fig. 30 sei gegen den
Meridian um den Winkel φ ge-
neigt, also die Nadel N_1S_1 um den

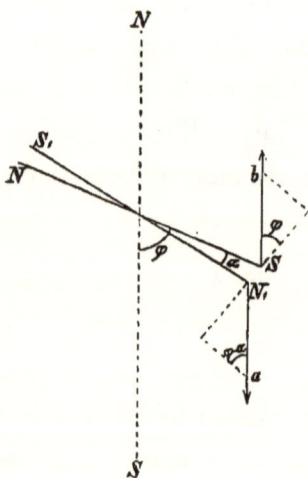

Fig. 30.

Winkel φ-α; ferner sei die Kraft, womit der Erdmagnetismus auf die Nadeln wirkt, gleich T, so wirkt auf den Nordpol N_1 die Kraft T. sin ($\varphi - \alpha$) und auf dem Südpol S die entgegengesetzt gerichtete Kraft T. sin φ.[1]). Das System wird daher im Sinne dieser letzteren Kraft gedreht. Gelangt nun das System in eine Lage, wo die Halbirungslinie des Winkels α auf dem Meridian senkrecht steht, so sind die beiden in entgegengesetzter Richtung auf dasselbe wirkenden Kräfte beziehlich

$$= \text{T} . \sin \left(\text{R} - \frac{\alpha}{2} \right) \text{ und } \text{T} . \sin \left(\text{R} + \frac{\alpha}{2} \right)$$

und da diese beiden Werthe einander gleich sind, so steht das System in stabilem Gleichgewicht. Da nun aber der Winkel α unmerkbar klein ist, so stehen scheinbar beide Nadeln senkrecht auf dem Meridian. Ist die Stärke der Nadeln aber nicht absolut gleich, so werden sie sich natürlich unter irgend einem anderen Winkel zum Meridian einstellen, wo die auf dieselben vom Erdmagnetismus ausgeübten Kräfte sich das Gleichgewicht halten.

§. 58. Dieser Umstand würde nun dem Gebrauch astatischer Nadelpaare keinen Eintrag thun. Man brauchte ja nur die freiwillige Ablenkung des Systems zu bestimmen, dann dem Multiplicator eine solche Stellung zu geben, dass seine Windungen denselben Winkel mit dem Meridian machen und das Nadelpaar in den Multiplicator einzuhängen. Versucht man dies aber, so findet man, dass die Nadeln innerhalb des Multiplicators nicht mehr dieselbe Lage einnehmen, als ausserhalb desselben. Im Gegentheil zeigt sich, dass wenn die Multiplicatorwindungen genau densel-

---

[1]) In der Figur ist der Winkel bei S fälschlich mit φ bezeichnet, statt mit R—φ.

ben Winkel mit dem Meridian machen, als die freiwillige
Ablenkung beträgt, dass dann die Nadeln sich in dieser
Richtung, wo sie parallel den Windungen sind, und die
obere Nadel über dem Nullpunct der am Multiplicator angebrachten Theilung schwebt, nicht einstellen lassen, sondern dass jederseits vom Nullpunct eine stabile Gleichgewichtslage existirt, welcher die Nadeln sogleich zu-
eilen und auf welcher sie sich immer wieder einstellen,
wenn sie auch aus derselben entfernt werden. Diese sta-
bilen Gleichgewichtslagen entsprechen mehr oder weniger
genau den Diagonalen des rechteckigen Multiplicatorge-
windes.

Die Ursache dieser Erscheinung, welche man die Ablenkung durch die Drahtmassen nennt, ist zu suchen
in den magnetischen Wirkungen des Kupferdrahtes, aus
welchem der Multiplicator gewunden ist. Fast alles Kupfer enthält ein wenig Eisen. Chemisch reines Kupfer kann
man allerdings durch galvanisches Niederschlagen aus reinen Lösungen von Kupfersalzen erhalten, doch lässt sich
dieses nicht zu so feinen Drähten ausziehen, als man zu
Multiplicatoren braucht. Wenn nun die Nadeln in den
Multiplicator eingehängt werden, so induciren sie in dem
Kupferdraht Magnetismus. Da nun der Multiplicator aus
zwei seitlichen Hälften besteht, welche durch einen mittleren Spalt getrennt sind (um die Nadeln einzuhängen) so
ist der in den beiden Hälften inducirte Magnetismus gleich,
wenn die Nadeln genau in der Mitte stehen; sie befinden
sich hier in labilem Gleichgewicht. Werden die Nadeln
aber nach der einen Seite hin abgelenkt, so ist der auf
dieser Seite inducirte Magnetismus stärker und sie bewegen sich nach dieser Seite, bis sie in der Richtung der
Diagonale stehen, wo sie über der grössesten Länge der

Kupfermasse stehen und daher am stärksten angezogen werden.

Ein solcher Multiplicator würde natürlich völlig unbrauchbar sein, wenn man nicht ein Mittel besässe, die Ablenkung durch die Drahtmassen zu compensiren. Dieses geschieht dadurch, dass man in der Nähe des Nullpunctes einen kleinen ganz schwachen Magneten (die abgebrochene Spitze einer feinen magnetisirten Nähnadel) so aufstellt, dass er den zugewandten Pol der oberen Nadel anzieht, Man dreht nun das Multiplicatorgewinde so, dass man den Nullpunct der Theilung den Nadeln nähert. Dann kommt zuletzt ein Punct, wo die Richtkraft der Erde und die Ablenkung durch die Drahtmassen einander gerade das Gleichgewicht halten, und dann sind die Nadeln auf der Nulllinie in labilem Gleichgewicht. Bringt man nun den kleinen Compensationsmagneten an, so kann man es so einrichten, dass er gerade genügt, um die Ablenkung durch die Drahtmassen aufzuheben und die Nadeln auf der Nulllinie in stabilem Gleichgewicht halten, ohne dass der Multiplicator merklich von seiner Empfindlichkeit einbüsst.

§. 59. Ein vollständiger, mit Berücksichtigung aller dieser Momente gebauter Multiplicator, wie er zu physiologischen Zwecken gebraucht wird, hat daher folgende Einrichtung: Eine starke Metallplatte a Fig. 31 (Siehe folg. S.) kann mittelst dreier Schrauben horizontal gestellt werden. Sie trägt auf ihrem oberen Rande eine Gradtheilung. Auf ihr ist die Metallbüchse b drehbar mit Hülfe der Schraube ohne Ende g. Diese Büchse trägt den aus Buchsbaumholz geschnitzten Rahmen C, auf welchem der Draht aufgewunden ist. Der Draht ist sorgfältig mit Seide besponnen und jede Lage noch besonders durch Copal-

Fig. 31.

firniss isolirt. Die vier Drahtenden sind mit Klemmen verbunden, welche mit den Buchstaben A, a, E, e bezeichnet sind. Oben auf dem Rahmen ist eine Theilung befestigt, über welcher die obere Nadel schwebt; die Nulllinie der Theilung ist den Drahtwindungen parallel. Das astatische Nadelpaar hängt mittelst eines feinen Häkchens an einem einfachen Seidenfaden, welcher oben an einen Haken befestigt ist. Dieser wird von dem Bügel hh getragen, und kann durch drei Schräubchen centrirt, d. h. so gestellt werden, dass der die Nadeln tragende Faden gerade durch den Mittelpunct der Theilung geht. An dem einen Nullpunct der Theilung ist ein galgenförmiges Messinggestelle angebracht, welches durch die Schrauben l, m seitlich verrückt sowie entfernt und genähert werden kann und welches an seinem Ende das Magnetsplitterchen zum Compensiren der Ablenkung durch die Drahtmassen trägt. Endlich sind an den 90°puncten noch kleine Knöpfe angebracht, welche kleine, vorspringende, sehr dünne Glimmerblättchen tragen, an welchen sich die obere Nadel fängt, sobald die Ablen-

kung 90° beträgt. Diese „Hemmung" ist nothwendig
damit nicht bei starken Strömen eine Umkehr der Nadeln
erfolgt. Um die Nadeln so viel als möglich vor Luftströ-
mungen und Staub zu schützen, sind die seitlichen Oeffnungen des Rahmens durch Glasstreifen geschlossen, und
der ganze Multiplicator mit einer Glasglocke bedeckt, welche auf der Büchse b aufruht.

Man stellt den Multiplicator auf einem festen Consol
auf, welches ohne Eisen an der Wand befestigt ist, um
ihn vor Erschütterung zu bewahren. Die vier Klemmen
A, a, E, e, welche die Enden des Multiplicatordrahts vorstellen, verbindet man ein für alle Mal mit in der Wand
befestigten Klemmen, durch Drähte, welche lang genug
sind, um die Drehung des Multiplicator zu gestatten. An
jenen in der Wand befestigten Klemmen bringt man die
Drähte an, welche den Strom zuleiten sollen, und an ihnen
macht man die Manipulationen, welche nöthig sind, wenn
man die halbe oder ganze Multiplicatorlänge benutzen oder
die Stromesrichtung umkehren will, damit am Multiplicator
selbst gar nicht gezerrt werde. Man prüft sodann, in welcher Richtung die Nadeln durch den Strom einer kleinen
Kette abgelenkt werden, um später aus der Ablenkung
sogleich die Richtung eines zu prüfenden Stromes zu erkennen.

§. 60. So hergerichtet ist der Multiplicator zum Gebrauch bereit. Will man nun mittelst desselben prüfen, ob
in irgend einem Körper oder einer Combination von Körpern electromotorische Kräfte ihren Sitz haben, so kommt
es vor allen Dingen darauf an, die Verbindung des Multiplicator mit dem zu prüfenden Körper auf eine Weise herzustellen, welche selbst keine Ursache zur Erzeugung elec-

trischer Ströme abgiebt. Will man z. B. prüfen, ob in
einem Stücke Muskel, Nerv oder sonstigen thierischen oder
pflanzlichen Körper electromotorische Kräfte existiren, so
genügt es nicht, zwei Metalldrähte mit den Multiplicator-
enden zu verbinden und diese an den zu prüfenden Körper
anzulegen. Auf diese Weise würde man immer Ströme
bekommen, denn zwei Metallstücke sind selten so gleichartig, selbst wenn sie aus einem und demselben Stück ge-
schnitten wären, dass sie nicht in Berührung mit einer und
derselben Flüssigkeit ungleich erregt würden und daher
Ströme lieferten, welche mehr als genügen, die Nadeln so
empfindlicher Multiplicatoren an die Hemmung zu werfen.
Ja sogar, wenn man zwei Metallstücke mit vieler Mühe
gleichartig gemacht hat, so genügt es, dass das eine nur
um einen Bruchtheil einer Secunde früher an den feuchten Leiter angelegt wird, um einen Strom zu erzeugen.

Diese Umstände machen es nothwendig, bei der Benutzung des Multiplicator zur Prüfung thierischer Theile
auf ihr electromotorisches Verhalten gewisse Vorsichtsmaass-
regeln anzuwenden, um Täuschungen zu entgehen. DU
BOIS-REYMOND gebührt das Verdienst, diese Regeln bis zu
dem Grade der Vollkommenheit gebracht zu haben, dass
die Multiplicatorversuche zu den sichersten der ganzen Physiologie gehören.

Unter allen Metallen ist Platin dasjenige, welches im
reinen Zustande am ehesten gleichartig gemacht werden
kann. Mit diesem wurden daher auch bis auf die neueste
Zeit die Versuche angestellt. Es ist jedoch sehr mühsam,
das Platin bis zu dem Grade der Reinheit zu bringen, und
es hat ausserdem den Nachtheil, unter dem Einfluss der
Ströme starke Polarisation anzunehmen, welche einerseits
die Ablenkung der Multiplicatornadeln fortwährend verrin-

gert, andrerseits nur allmählich verschwindet, so dass man immer zwischen zwei Versuchen längere Zeiten verstreichen lassen muss. Diese Uebelstände haben es bewirkt, dass das Platin in neuerer Zeit ganz durch das amalgamirte Zink verdrängt worden ist. Amalgamirtes Zink ist nämlich, wie J. REGNAULD gefunden und DU BOIS-REYMOND durch sehr genaue Versuche bewiesen hat, in einer Lösung von reinem schwefelsaurem Zinkoxyd nicht nur ganz gleichartig, sondern es nimmt auch fast gar keine Polarisation an, wenn man Ströme durch dasselbe hindurchleitet. Die Prüfung eines thierischen (oder sonstigen feuchten) Körpers auf electromotorische Eigenschaften geschieht daher auf folgende Weise:

Zwei kleine Gefässe, aus Zink gegossen, sind auf isolirenden Unterlagen befestigt, und in ihrem Inneren wohl amalgamirt. Durch Klemmschrauben werden sie mit den Enden des Multiplicatordrahtes verbunden. Aus Fliesspapier gebildete Bäusche, welche mit concentrirter Lösung von reinem schwefelsauren Zinkvitriol getränkt sind, stecken in den Gefässen und ragen über deren Rand vor. Kleine Schilder aus einer isolirenden Substanz (vulcanisirtem Kautschuk) halten dieselben mit Hülfe von Kautschukringen in ihrer Lage fest. Die durch den Bausch nicht ganz ausgefüllte Höhlung der Zinkgefässe füllt man zur Verringerung des Widerstandes mit gesättigter Lösung von Zinkvitriol. Rückt man die Gefässe bis zur Berührung der Bäusche an einander, oder überbrückt den Zwischenraum zwischen den Bäuschen mit einem dritten ebenfalls mit concentrirter Zinkvitriollösung getränkten Bausch, so bleibt die Nadel des Multiplicator ganz unbewegt. In der Vorrichtung hat also keine electromotorische Kraft ihren Sitz. Bringt man jetzt an Stelle des dritten Bausches, den zu

untersuchenden Körper, und erhält eine Ablenkung der
Nadel, so muss der hierdurch angezeigte Strom seine Ursache in jenem Körper haben.

§. 61. Wenn man auf diese Weise thierische Theile
auf ihre electromotorischen Eigenschaften prüft, so wird
man je nach der Art des Auflegens auf die Bäusche bald
gar keine, bald eine geringere oder grössere Ablenkung
der Nadel erhalten, vorausgesetzt, dass die geprüften Theile
überhaupt electromotorische Eigenschaften besitzen. Um
diese Erscheinungen richtig zu verstehen, muss man sich
dessen erinnern, was im §. 44. über die Stromvertheilung
in nicht prismatischen Leitern gesagt worden ist. Es sei
AB ein irgendwie gestalteter Leiter und in demselben habe
bei C eine electromotorische Kraft ihren Sitz. Dann wird
der ganze Leiter von Stromcurven erfüllt sein, welche von
C ausgehen und zu C zurückkehren. Die Richtung dieser
Ströme wird bedingt sein von dem Sinne der electromotorischen Kraft. Die Stärke der Ströme wird abnehmen mit
der Länge der Wege, welche sie zurückzulegen haben, also
mit der Entfernung von C. Legen wir nun an die Oberfläche dieses Körpers irgendwo einen gleichartigen leitenden Bogen an, d. h. einen solchen, dessen Berührung mit
dem Körper A B nicht selbst Ursache einer Electricitätsentwickelung wird, so wird dieser Bogen jetzt ein Bestandtheil des ganzen leitenden Systems und es wird sich durch
denselben ein Stromzweig ergiessen müssen, dessen Stärke
von der Länge des Bogens und von seinem Widerstande
abhängt. Ist dieser Bogen der Multiplicator mit dem im
vorhergehenden Paragraphen beschriebenen Vorrichtungen
so erhalten wir eine Ablenkung der Magnetnadel, deren
Grösse im Allgemeinen variiren muss mit der Lage des

Bogens an dem zu prüfenden Körper oder, was dasselbe
ist, mit der Lage des Körpers auf den Bäuschen.
Wir haben schon im §. 44. gesehen, dass man sich
jeden, irgendwie gestalteten, von Strömen durchflossenen
Leiter zerlegt denken kann in ein System von gekrümmten linearen Leitern, welche alle durch den Punkt gehen,
in welchem die electromotorische Kraft ihren Sitz hat. In
jedem dieser linearen Leiter bewegt sich dann ein Theil
der durch die electromotorische Kraft in Bewegung gesetzten Electricitäten ganz nach den Gesetzen, welche wir für
verzweigte Leitungen kennen gelernt haben. Denken wir
uns diese linearen Leiter immer schmaler werdend, so gelangen wir zu dem System von Strömungscurven, von welchen §. 44. die Rede war. Auf einer jeden solchen Curve
wird dann eine veränderliche Spannung herrschen (s. oben
§. 19.) indem auf der einen Seite der electromotorischen
Kraft die grösste positive Spannung sein wird, die allmählich nach der Mitte der Curven zu Null wird, dann negativ und immer stärker wird, bis an der andern Seite der
electromotorischen Kraft diese negative Spannung denselben Werth hat, als die positive auf der ersteren. Verbinden wir nun die Punkte gleicher Spannung auf allen Strömungscurven mit einander, so erhalten wir ein zweites
System von Curven, welche auf den Strömungscurven senkrecht stehen, und welche wir Curven gleicher Spannung oder isoëlectrische Curven nennen wollen.
Sämmtliche Spannungscurven bilden in dem Leiter ein
System von mehr oder weniger gekrümmten Flächen, welche alle durch den Sitz der electromotorischen Kraft gehen, und auf deren jeder überall die gleiche Spannung
herrscht. Diese Flächen gleicher Spannung oder
isoëlectrische Flächen schneiden die Oberfläche des

Leiters in Curven, auf deren jeder natürlich auch stets dieselbe Spannung herrscht. Die Gestalt und Lage dieser
Spannungscurven hängt natürlich ab von der Gestalt des
Leiters und dem Sitz der electromotorischen Kraft im Innern des Leiters. Legt man nun einen gleichartigen Bogen an die Oberfläche des Leiters an, so hängt der durch
denselben sich ergiessende Stromzweig ab von der Differenz der Spannungen an den Fusspunkten des Bogens.
Ist diese Differenz Null, d. h. stehen die Fusspunkte des
Bogens auf einer und derselben Spannungscurve so fliesst
gar kein Strom durch den Bogen. Stehen die Fusspunkte
des gleichartigen Bogens aber auf zwei verschiedenen dieser Spannungscurven, so wird sich ein Strom durch den
selben ergiessen, welcher stets gerichtet ist von dem Fusspuncte, welcher auf einer Curve von grösserer positiver
oder geringerer negativer Spannung aufsteht, zu dem anderen Fusspunkt des Bogens.

Verschiebt man nun den gleichartigen Bogen, ohne
seine Spannweite zu ändern, über den Leiter hin, und bestimmt die Stromstärke im Bogen, so kann man daraus
die Gestalt und Lage der Spannungscurven auf der Oberfläche des Leiters bestimmen. Welches also auch die Gestalt und Lage der isoëlectrischen Flächen sei, wo auch
immer im Innern des Körpers die electromotorische Kraft
ihren Sitz habe, stets wird man eine Vertheilung der Spannungen auf der Oberfläche angeben können, welche für
den angelegten Bogen dasselbe leistet, d. h. in jeder Lage
Ströme von gleicher Richtung und gleicher Stärke bestimmt
als die electromotorische Kraft selbst. Man kann daher
stets die electromotorische Kraft ersetzt denken durch eine
solche Vertheilung electrischer Spannungen an der Ober-

fläche des Leiters. Man nennt dies das Princip der electromotorischen Oberfläche.

Denken wir uns in dem leitenden Körper ausser der electromotorischen Kraft C noch eine zweite D enthalten, so wird diese ebenfalls Ströme in dem Leiter erregen, welche denselben ganz erfüllen, es wird denselben ebenfalls ein System von isoëlectrischen Flächen im Leiter und demgemäss von Spannungscurven auf der Oberfläche des Leiters entsprechen. Jeder Punkt auf der Oberfläche wird dann eine Spannung annehmen, welche die algebraische Summe derjenigen Spannungen ist, welche ihm durch die Wirkung jeder einzelnen electromotorischen Kraft allein zukommen würde, und dies ist stets der Fall, wie viele und wie geordnet auch die electromotorischen Kräfte im Körper sein mögen.[1]) Welches daher auch die Zahl und die Anordnung der electromotorischen Kräfte im Inneren des Körpers sei, stets lässt sich statt derselben eine bestimmte Anordnung der Spannungscurven an der Oberfläche des Körpers angeben, welche dieselben Ströme im angelegten Bogen bewirkt. Das Princip der electromotorischen Oberfläche behält also auch in diesem Falle seine Gültigkeit.

§. 62. Aus dem Vorhergehenden ist klar, dass wir mit Hülfe des Multiplicator mit der grössten Schärfe die Anordnung der Spannungscurven auf der Oberfläche eines Leiters ermitteln können. Indem wir nämlich den Körper nach und nach mit den verschiedensten Punkten auf die

---

[1]) HELMHOLTZ hat diesen Satz, welchen man das Princip der Superposition electromotorischer Kräfte nennt, so wie auch den vorhergehenden von der electromotorischen Oberfläche mathematisch abgeleitet und experimentell bestätigt. S. POGG. Ann. Bd. 89. S. 211.

§. 60. beschriebenen Bäusche auflegen, welche die Fusspunkte unseres gleichartigen Bogens vorstellen, erkennen
wir, welche Punkte gleiche Spannung haben (denn in diesem Falle dürfen die Nadeln nicht abgelenkt werden) und
welche Punkte ungleiche Spannung haben und in diesem
letzteren Falle, welchem Punkte die grössere positive Spannung zukommt. Denn von diesem letzteren Punkte her
muss der Strom in den Multiplicator eintreten, worüber uns
ja die Richtung der Ablenkung Aufschluss giebt. Es gehört aber zur vollständigen Lösung dieses Problemes noch
die Bestimmung der Stärke der Ströme, welche beim Anlegen an bestimmte Punkte des untersuchten Körpers durch
den Multiplicator gehen; denn diese Stromstärke ist der
Differenz der Spannungen ja direct proportional. Wir
müssen daher untersuchen, ob und auf welche Weise es
möglich ist, die Stromstärke mit Hülfe des Multiplicator
zu messen.

Dieses ist nun auf directe Weise nicht möglich, denn
die Grösse der Nadelablenkung ist wegen des complicirten
Baues des Multiplicator eine sehr verwickelte und für jeden bestimmten Multiplicator andere Function der Stromstärke. Nun kann man zwar jeden Multiplicator empirisch
graduiren. Es giebt aber ein noch einfacheres Mittel zur
Bestimmung der Stromstärke, welches sich zu dem in Rede
stehenden Zwecke sehr eignet, nämlich die Compensation.

Es ist nämlich klar, dass wenn man durch den Multiplicator ausser dem Stromzweig, welchen der zu prüfende
Körper durch ihn schickt, noch einen anderen in entgegengesetzter Richtung leitet, und die Nadel wird nicht abgelenkt, die Stärke beider Ströme genau gleich sein muss.
Da aber beide Ströme denselben Kreis zu durchlaufen,

also auch denselben Widerstand zu überwinden haben, so
müssen auch die electromotorischen Kräfte in beiden Fällen gleich sein. Trifft man nun die Anordnung Fig. 32
wo M den Mul-
tiplicator, K eine
constante Kette, et-
wa ein GROVE'sches
oder DANIELL'sches
Element, RR_1 das
Rheochord, W ei-
ne Wippe bedeutet,
durch welche man
die Richtung des

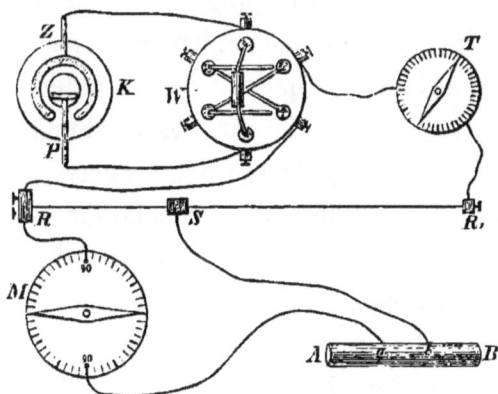

Fig. 32.

Stromes nach Be-
lieben ändern kann, und verschiebt den Schieber des Rheochord so lange, bis die Nadel auf Null steht, so muss der
durch die Spannungsdifferenz von a und b erzeugte Strom
genau gleich sein demjenigen Stromtheil, welcher von dem
Strom des DANIELL'schen Elementes sich durch den Multiplicator abzweigt. Kennt man die Stärke des Stromes
in der Hauptleitung (und diese kann ja durch eine etwa
bei T eingeschaltete Tangentenbussole gemessen werden)
und das Verhältniss des Widerstandes des Zweiges RMabS
zu der eingeschalteten Rheochordlänge RS, so ist die Stärke
jenes Stromtheiles ganz genau bekannt. Dies ist aber gar
nicht ein Mal nöthig. Wie wir nämlich §. 30. Anm. gesehen haben, ist die Stärke des Stromtheils, welcher durch
den Multiplicator geht, direct proportional der Länge des
eingeschalteten Rheochordstückes RS, wenn das Rheochord
aus einer so gut leitenden Substanz besteht, dass man seinen Widerstand als unendlich klein ansehen kann gegen
den des Zweiges RMabS und den des Zweiges RZR_1.

Diese Bedingungen sind aber leicht herzustellen, wenn
man als Rheochord eine dicke Messingsaite benutzt. Da
es nun gar nicht darauf ankommt, die absolute Stärke der
Ströme zu kennen, welche bei Anlegung des Bogens an
verschiedene Puncte des zu untersuchenden Körpers AB
entstehen, sondern nur auf ihr Verhältniss zu einander, so
können wir einfach sagen, die Differenz der Spannungen
welche an den Fusspuncten des angelegten Bogens herrschen,
ist stets direct proportional der Länge des Rheochordstückes,
welche man einschalten muss, damit die Nadel auf Null
bleibt. Die einzige nothwendig zu erfüllende Bedingung
ist die, dass der Strom der angewandten Kette wirklich
constant bleibt. Die in den Hauptzweig eingeschaltete
Tangentenbussole giebt hierüber Aufschluss. Sollte die
Kette nicht constant genug sein, so muss man in den Haupt-
kreis noch einen Rheostaten einschalten, um mit Hülfe desselben den Fehler zu verbessern.

Auf diesem Wege ist es also möglich, die Anordnung
der Spannungscurven auf der Oberfläche eines Körpers
mit grosser Schärfe zu bestimmen, eine Schärfe die nur
von der Empfindlichkeit des Multiplicator und des Rheochord abhängt. Je geringer nämlich der Widerstand der
Rheochordsaite ist, um so grössere Verschiebungen sind
natürlich nöthig, um dieselbe Aenderung der Stromstärke
im Multiplicatorkreise zu bewirken, desto genauer wird also
auch die Messung.

Es ist klar, dass man auf diese Weise nicht die absolute Spannung bestimmt, welche an jedem Puncte der
Oberfläche herrscht sondern nur die Differenzen der Spannungen an verschiedenen Puncten. Diese Differenzen der
Spannungen entsprechen dem, was man bei einer galvanischen Kette die electromotorische Kraft nennt. Das Maass,

in welchem diese electromotorische Kraft ausgedrückt wird,
ist zunächst ein ganz willkürliches, z. B. es wird die Kraft
als Einheit genommen, welcher gerade bei Entfernung des
Schiebers S von der Klemme R um 1cm. das Gleichgewicht
gehalten wird. Eine Reduction dieser Einheit auf eine beliebige andere ist, wie wir gesehen haben, leicht möglich,
für unseren Zweck aber, die Feststellung der electromotorischen Oberfläche unnöthig.

Wenn man nun auf diese Weise die Anordnung der
Spannungscurven auf der Oberfläche eines Leiters ermit-
telt hat, so kommt es darauf an, Rückschlüsse daraus zu
machen auf die im Körper vorhandenen electromotorischen
Kräfte und ihre Vertheilung. Es ist aber klar dass einer
und derselben Anordnung von Spannungscurven sehr viele
mögliche Anordnungen electromotorischer Kräfte entsprechen. Diese zu finden ist also stets Sache der Hypothese,
indem man nämlich unter den möglichen Anordnungen diejenige wählt, welche am Einfachsten und Vollständigsten
allen Bedingungen entspricht, die durch den Versuch gefunden worden sind. Ein Beispiel dafür liefern die Muskeln und Nerven, wovon das Nähere hier jedoch nicht ab-
gehandelt werden kann, da es Gegenstand der Physiologie ist.

Capitel X.

Von der Messung sehr geringer Stromstärken, besonders kurz dauernder Ströme und der electrischen Zeitmessung.

—

§. 63. Wir haben schon im vorhergehenden Paragraph gesehen, wie man mit Hülfe der Compensationsmethode im Stande ist, sehr geringe Stromstärken mit grosser Schärfe zu messen. Aber diese Methode ist immer zeitraubend und setzt voraus, dass die zu messenden Ströme längere Zeit in gleicher Stärke anhalten. Es ist aber gerade eine bei physiologischen Fragen sehr häufige Aufgabe, nur kurze Zeit dauernde Ströme zu messen, und auch bei länger dauernden Strömen kommt es häufig darauf an, die Messungen doch schnell machen zu können. Wir wollen daher hier noch einige Instrumente beschreiben, welche zu diesen Zwecken dienen, und daran die Besprechung einer Methode knüpfen, sehr kleine Zeiten mit Hülfe electrischer Ströme zu messen, welche Methode zur Beantwortung einer der wichtigsten Fragen der allgemeinen Muskel- und Nervenphysiologie gedient hat.

Die §. 30. beschriebene Tangentenbussole ist nur zur Messung ziemlich starker Ströme geeignet. Man hat dem Instrument aber verschiedene Gestalten gegeben, um es auch zur Messung schwacher Ströme geeignet zu machen, von denen wir eine Form hier beschreiben wollen. Auf einem Brette, welches durch drei Schrauben horizontal gestellt werden kann, sind zwei Drahtrollen B B parallel mit sich selbst verschiebbar, die Entfernung von dem Puncte in der Mitte, wo die Rollen sich berühren, kann auf einer Theilung abgelesen werden. Gerade in dieser Mitte hängt an einem mehrfachen Coconfaden die Magnetnadel, welche hier aber keine Nadel ist, sondern ein kreisrunder Stahlspiegel, welcher so magnetisirt ist, dass seine magnetische Axe mit seinem horizontálen Durchmesser zusammenfällt. Leitet man durch eine oder beide

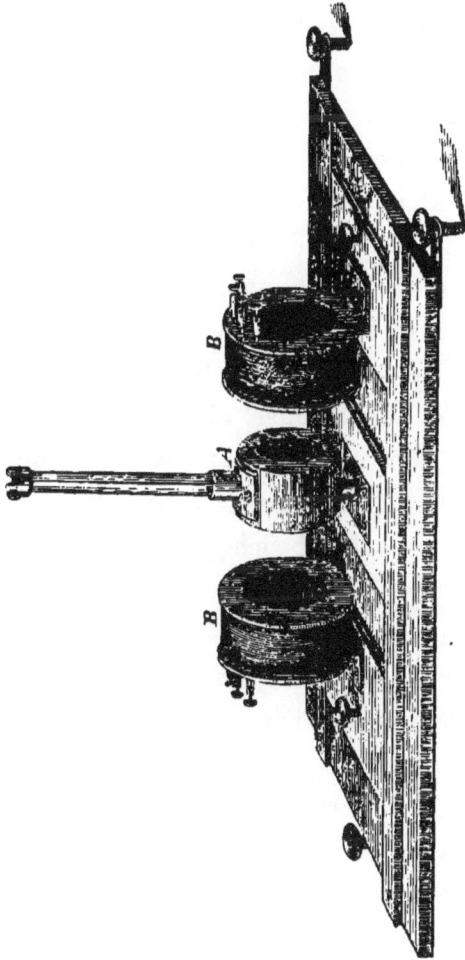

Fig. 33.

Rollen einen Strom, nachdem das ganze Instrument so
aufgestellt ist, dass der Spiegel im magnetischen Meridian
hängt, so wird der Spiegel abgelenkt. Wir haben nun
aber §. 30. gesehen dass die Stromstärke nur dann wirklich den Tangenten der Ablenkungen proportional ist, wenn
die Grösse der Nadel gegen den Durchmesser des sie umgebenden kreisförmigen Stromes so klein ist, dass die
Wirkung des Stromes auf die Nadel durch die Ablenkung
selbst nicht geändert wird. Da nun diese Bedingung bei
dem jetzt betrachteten Instrumente nicht erfüllt ist, so darf
man es nur als genaues Messinstrument gebrauchen, wenn
die Ablenkungen sehr klein sind; denn dann ändert sich
die Lage des Spiegels zu den Windungen ja nur unwesent-
lich. Um nun diese kleinen Ablenkungen zu messen, stellt
man vor dem Instrument in einiger Entfernung eine Scala
auf und beobachtet das Spiegelbild derselben im Stahlspiegel mit einem Fernrohr. Im Ocular dieses letzteren ist
nämlich ein verticaler Faden ausgespannt, welchen man an
einem bestimmten Theilstrich der Scala sieht. Wird nun
der Spiegel abgelenkt, so scheint sich die Scala an dem
Faden zu verschieben, und diese Verschiebung ist, wie
eine leichte Construction ergiebt, gleich der Tangente des
doppelten Ablenkungswinkels. Ist die Entfernung der
Scala vom Spiegel etwas beträchtlich, so ist diese Art der
Ablesung ungemein empfindlich. Um Schwingungen des
Spiegels durch Luftzug zu vermeiden, ist derselbe mit
einer kupfernen Hülle A umgeben, welche vorn mit einem
Planglase verschlossen ist. Die kupferne Hülle hat ausserdem noch den Vortheil, dass in ihr bei Bewegung des
Spiegels Ströme inducirt werden, welche den Spiegel in
entgegengesetzter Richtung zu drehen streben, so dass

selbst starke Schwingungen sehr bald zur Ruhe gebracht
oder gedämpft werden.

Gewöhnlich hat man zu diesem Instrumente mehre
Paare von Rollen mit Draht von verschiedener Länge und
Dicke, um je nach Umständen die vortheilhaftesten benutzen zu können. Auch lässt man die Rollen so wie die
Multiplicatoren aus zwei parallel laufenden Drähten wik-
keln. Je nach der Stärke der Ströme wendet man nur
eine Rolle oder beide zugleich an und bringt sie in verschiedenen Abstand vom Spiegel. Je grösser dieser Abstand ist, um so grösser können die Ablenkungen sein,
ohne dass die Proportionalität der Stromstärken zu den
Tangenten der Ablenkungen gefährdet wird. Da nun bei
den kleinen Winkeln, um welche es sich doch hier nur
handelt, die Tangente des doppelten Winkels gleich gesetzt werden kann, der doppelten Tangente des Ablenkungswinkels, so kann man die Stromstärke direct proportional setzen den abgelesenen Scalentheilen. Um ein ab-
solutes Maass der Stromstärke durch das Instrument zu
erlangen, muss man es entweder, wie oben §. 30. bei der
Tangentenbussole angegeben worden ist, mit einem Voltameter vergleichen, oder mit einer schon geprüften Tangentenbussole. Man leitet dann, um dies zu thun, den Strom
einer Kette durch das Voltameter (oder die Tangentenbussole) und einen Draht, dessen Widerstand ein bekannter
aliquoter Bruchtheil des Widerstandes des Instrumentes
ist, und schaltet dieses als Nebenschliessung zu jenem Draht
ein. Es geht dann ein bekannter Bruchtheil des ganzen
Stromes durch das Instrument; wenn man also die Stärke
des Stromes misst und die Ablenkung welche durch jenen
Bruchtheil hervorgebracht wird, so hat man die Constante
des Instrumentes bestimmt und kann dasselbe zu absoluten

Messungen benutzen. Es versteht sich von selbst, dass man dabei die veränderliche Entfernung der Rollen vom Spiegel jedesmal in Rechnung ziehen muss, deren Einfluss ja leicht durch Versuche nach Art des eben angegebenen gefunden werden kann.

Man kann dem Instrumente auch eine etwas veränderte Gestalt geben, indem man statt des magnetischen Spiegels einen einfachen geraden Magnetstab anwendet, mit welchem ein gewöhnlicher Glasspiegel durch ein verticales festes Messingstück verbunden ist, so dass der Spiegel über den Drahtrollen in einem kleinen Glasgehäuse hängt. Die Drahtrollen und das kupferne Gehäuse erhalten dann statt der kreisförmigen eine flach ovale Gestalt, um die Drahtwindungen möglichst nahe dem Magneten zu bringen. Indem so der Magnet bei derselben Stärke des Magnetismus ein viel geringeres Gewicht haben kann, wird die Empfindlichkeit des Instrumentes erhöht. Auch bietet diese Einrichtung den Vortheil, dass man den Spiegel an dem Messingstück drehbar anbringen kann, um ihn bei jeder beliebigen Stellung des Instrumentes auf die Scala richten zu können.

Einen ausserordentlich hohen Grad von Empfindlichkeit kann man diesem Instrumente ertheilen, wenn man die Richtkraft der Erde auf den Magnetstab oder magnetischen Spiegel verkleinert, indem man über oder unter demselben im magnetischen Meridian einen starken Magnetstab anbringt, welcher den Magneten der Bussole in entgegengesetzter Richtung zu drehen strebt, als die Erde, oder auch, wenn man zur Seite des Magneten und gerade in seiner Verlängerung den starken Magnetstab, mit dem feindlichen Pole jenem zugewandt, aufstellt. Indem man diesen starken Magnetstab von oben, unten oder der Seite her all-

mählich annähert, kann man dem Magneten der Bussole
jeden beliebigen Grad der Astasie ertheilen und die Empfindlichkeit des Instrumentes entsprechend steigern. Ein
derartiges Instrument hat vor kurzem MEISSNER unter dem
Namen Electrogalvanometer beschrieben.

Für manche Zwecke ist es wünschenswerth, dass der
durch den Strom abzulenkende Magnet ein sehr grosses
Trägheitsmoment habe. Für diese Fälle bedient man sich
eines starken Magnetstabes, welcher mittelst einer über ihn
geschobenen Messinghülse an starken Fäden aufgehängt
ist, eines so genannten Magnetometers, welchem man
seitlich ein gewöhnliches Multiplicatorgewinde nähert, durch
welches der Strom geleitet wird. Die Ablesung der Ablenkungen geschieht auch hier mittelst Fernrohr und Scale
in einem an der Messinghülse befestigten Spiegel.

§. 64. Wenn man in diesem letzteren Falle Ströme
von sehr kurzer Dauer durch das Multiplicatorgewinde
leitet, so vollendet der Magnetstab seine Schwingung in
Folge seines Trägheitsmomentes erst sehr viel später, nachdem der Strom schon längst aufgehört hat. In diesem
Falle ist die Tangente des Winkels, um welchen der Magnet abgelenkt wird, proportional der Stärke des Stromes
und der Zeit, welche der Strom gedauert hat. Denn da
während der sehr kurzen Dauer des Stromes der Magnet
in Folge seiner Trägheit sich nicht merklich aus seiner
Gleichgewichtslage entfernen konnte, so wirkt der Strom
in jedem einzelnen Zeittheilchen gleichmässig auf denselben.
Da nun die Tangente des Ablenkungswinkels jedenfalls
proportional sein muss der Menge der Electricität, welche
auf den Magneten gewirkt hat, diese Electricitätsmenge
aber bei einem constanten Strome proportional sein muss

der Zeit, welche er gedauert hat, so folgt daraus die be-
hauptete Proportionalität zwischen der Zeitdauer des Stromes und der Tangente des Ablenkungswinkels.

Diese Proportionalität hört auf, ganz strenge zu gelten, wenn schon während der Dauer des Stromes der
Magnet seine Lage merklich gegen die Windungen des
Multiplicator ändert, also ebensowohl bei geringerem Trägheitsmoment des Magneten, als bei längerer Dauer des
Stromes. Da es sich aber bei den hier beschriebenen Instrumenten immer nur um sehr kleine Ablenkungen handelt,
so kann man sich bei Strömen von sehr kurzer Dauer auch
solcher Instrumente bedienen, bei denen die Magnete nicht
sehr grosse Trägheitsmomente besitzen, ohne dass die Proportionalität gefährdet ist. Wie wir oben gesehen haben,
kann man aber für die Tangenten der Ablenkungswinkel
geradezu setzen die mit dem Fernrohr abgelesenen Scalentheile.

§. 65. Es liegt nahe diese Proportionalität der Ablenkung mit der Zeitdauer des Stromes zur Messung der
Zeit zu benutzen, sei es, dass nur die Zeitdauer des Stro·
mes gesucht wird, sei es, dass man die Zeitdauer irgend
eines anderen Vorganges bestimmen will. In diesem letzteren Falle hat man dafür zu sorgen, dass genau gleichzeitig mit dem Beginne des zu messenden Vorganges der
den Magneten ablenkende Strom geschlossen, und gleichzeitig mit dem Aufhören jenes Vorganges wieder unterbrochen werde. Kennt man dann die Intensität des angewandten Stromes, so kann man aus der Ablenkung des
Magneten die Zeitdauer des Stromes und also auch die
Zeitdauer des mit jenem gleichzeitig begonnenen und un-
terbrochenen Vorganges berechnen.

Die Intensität des zur Zeitmessung angewandten Stromes findet man, wenn man denselben dauernd durch das Multiplicatorgewinde leitet und die Ablenkung des Magneten misst. Da aber die Intensität des Stromes, wenn er bei sehr kurzer Dauer noch messbare Ablenkungen hervorbringen soll, zu bedeutend wäre, um bei stetigem Durchfliessen durch denselben Multiplicator gemessen zu werden, so verfährt man ebenso, wie im vorhergehenden Paragraph für die Graduirung der Bussole angegeben wurde. Man bringt eine Nebenschliessung zu dem Multiplicator an, deren Widerstand ein bestimmter, durch besondere Versuche festgestellter Bruchtheil des Widerstandes des Multiplicators ist. Durch den Multiplicator geht also jetzt nur ein kleiner Theil des ganzen Stromes. Die dadurch bewirkte Ablenkung des Magneten multiplicirt mit dem Verhältniss des Widerstandes der angewandten Nebenschliessung zu dem Widerstande des Multiplicator ist die Intensität des Stromes ausgedrückt durch die Ablenkung, welche der Magnet erfahren müsste, wenn der Strom dauernd durch den Multiplicator ginge.

Ein Beispiel wird das hier Gesagte klar machen. Gesetzt wir hätten irgend einen kurzdauernden Vorgang zu messen, z. B. die Fallzeit eines Körpers durch einen bestimmten Raum. Es sei eine Einrichtung gegeben, wodurch ein galvanischer Strom geschlossen wird genau in dem Momente wo der Körper zu fallen beginnt, und geöffnet wird genau in dem Momente wo der Körper zu fallen aufhört. Dieser Strom, dessen Zeitdauer also genau gleich ist der Fallzeit des Körpers, lenke den Magneten um einen bestimmten Winkel ab, aus dessen Grösse die Zeit berechnet werden soll. Leiten wir denselben Strom dauernd durch den Multiplicator, so ist die Ablenkung viel zu gross, um als ein Maass für die Intensität des Stromes gelten zu können, da ja die Messungen nur bei sehr kleinen Ablenkungen richtig sind. Wir bringen daher eine Nebenschliessung zu dem Multiplicator an, so dass der Strom sich in zwei Zweige spaltet, von welchen der eine durch den Multiplicator, der andere durch die Nebenschliessung geht. Das Verhältniss des Widerstandes der Nebenschliessung zu dem Widerstande des Multiplicator sei gleich 1 : 100, dann geht nur der hundertste Theil des ganzen Stromes durch den Multiplicator. Dieser hundertste Theil lenke den Magneten um einen Winkel ab, welchem bei der Ablesung mit Spiegel und Fernrohr 25 Scalentheile entsprechen mögen. Dann ist offenbar $25.100 = 2500$ das Maass für die Intensität des Stromes, ausgedrückt in der nämlichen Einheit, in welcher auch bei der kurzen Dauer des Stromes die Messung geschieht.

Um nun aus diesen Grössen die Fallzeit zu berechnen, betrachten wir den kurzdauernden Strom als einen momentan wirkenden Stoss, welcher dem Magneten eine gewisse Geschwindigkeit ertheilt. Nach den Pendelgesetzen, welche auch für frei schwingende Magnete gelten, wird diese Geschwindigkeit ausgedrückt durch die Gleichung

$$C = \frac{\pi}{T} \, h$$

wo T die Schwingungsdauer des Magneten, und h den beobachteten Ausschlag bezeichnet. Diese Geschwindigkeit muss aber auch sein

$$C = \frac{t \, J \, M}{K}$$

wo t die Zeitdauer des Stromes, J seine Intensität, gemessen in der oben angegebenen Weise, M das magnetische und K das Trägheitsmoment des Magneten bezeichnet. Es ist also

$$t = \frac{\pi}{T \cdot J} \cdot h \cdot \frac{K}{M}$$

$$\text{Nun ist aber} \quad \frac{K}{M} = \frac{T^2}{2 \, \pi^2}$$

mithin

$$t = \frac{T}{2 \, \pi \, J} \cdot h$$

Diese Gleichung gilt jedoch nur für den Fall, dass der Magnet vor der Einwirkung des Stromes ganz ruhig war, und dass die Dämpfung keine bedeutende ist. War jedoch der Magnet schon vorher in Schwingungen begriffen, und macht sich die Dämpfung in beträchtlicher Weise geltend, so müssen diese Umstände noch in Rechnung gezogen werden, worauf wir jedoch hier nicht näher eingehen können.

§. 66. Es giebt noch eine andere Art der Zeitbestimmung kurzdauernder Ströme, welche für viele Fälle vortheilhaft ist, nämlich die mit Hülfe des WEBER'schen Dynamometers. Dieses Instrument besteht aus zwei

Drahtrollen, deren Windungen senkrecht auf einander stehen, und von denen die eine, im Inneren der anderen aufgehängte, mit einem Spiegel zur Messung der Ablenkungen mit Scale und Fernrohr versehen ist. Leitet man einen und denselben Strom durch beide Rollen, so sind die Tangenten der Ablenkungen den Quadraten der Stromstärken proportional. Leitet man nun einen kurzdauernden Strom durch dieses Instrument und ausserdem durch eine Bussole mit Spiegelablesung und liest die Ausschläge an den beiden Instrumenten ab, so kann man hieraus sowohl die Intensität, als auch die Dauer des Stromes berechnen. Denn ist die Ablenkung (in Scalentheilen ausgedrückt, welche ja direct für die Tangenten gesetzt werden können) beim Dynamometer α, bei der Bussole β, J die Intensität und t die Dauer, so ist

$$\alpha = J^2 . t . c$$

$$\beta = J . t . c_1$$

$$\text{also } J = \frac{\alpha}{\beta} \cdot \frac{c_1}{c}$$

$$\text{und } t = \frac{\beta^2}{\alpha} \cdot \frac{c}{c_1{}^2}$$

worin c und c_1 die Constanten der beiden Instrumente sind, welche bekannt sein müssen, um sowohl J als auch t in absoluten Maassen zu bestimmen.

§. 67. Bei den vorhergehenden Betrachtungen ist stets vorausgesetzt worden, dass die Ströme, wenn auch sehr kurze Zeit dauernd, doch während dieser Zeit vollkommen constant sind, insbesondere, dass bei der Schliessung die Intensität sogleich plötzlich von Null bis zu einer gewissen Grösse ansteige und bei der Oeffnung ebenso plötzlich von jener Grösse auf Null zurücksinke. Es

kommt aber häufig vor, dass man die Intensität von Strömen zu bestimmen hat, bei welchen diese Bedingung nicht
erfüllt ist, bei welchen die Intensität in irgend einer unbe-
kannten Weise ansteigt, und dann wieder absinkt, wie dies
z. B. bei den durch Induction erzeugten Strömen der Fall
ist. Bei solchen Strömen kann natürlich nur im uneigent-
lichen Sinne von Intensität die Rede sein, da diese ja in
jedem Augenblick eine andere ist. Leitet man einen solchen Strom durch die Bussole Fig. 32 oder eines der anderen oben beschriebenen Instrumente, so erfolgt ein Ausschlag, welcher proportional ist der ganzen Electricitätsmenge, welche durch das Instrument ging.

     Ist die Dauer solcher Ströme so gering, dass man sie
für momentan ansehen kann, wie dies z. B. bei den durch
Oeffnung eines primären Stromes erzeugten Inductionsströmen der Fall ist oder bei den Entladungen einer Leydener Flasche, so kann man jene Electricitätsmenge geradezu für die Intensität des Stromes setzen. Ist aber die
Dauer der Ströme nicht unendlich klein, so lässt sich aus
der Electricitätsmenge weder die Dauer noch die Intensität bestimmen, da eine und dieselbe Electricitätsmenge in
sehr verschiedener Weise sich abgleichen kann. Es
können daher zwei Ströme von ganz verschiedener Dauer
gleiche Electricitätsmengen haben, also an der Bussole
oder dem Dynamometer gleiche Ablenkungen hervorrufen,
während z. B. ihre physiologischen Wirkungen sehr verschieden sind, wie wir dies schon von den beiden bei der
Schliessung und Oeffnung entstehenden Inductionsströmen
des Magnetelectromotor gesehen haben. Die experimentelle
Bestimmung des eigentlichen Verlaufes solcher Ströme ist
dann äusserst schwierig. Man muss zu diesem Zwecke den
veränderlichen Strom in viele möglichst kleine Zeittheilchen

zerlegen, die man einzeln durch die Bussole leitet. Indem
man annimmt, dass in diesen kleinen Zeittheilchen die Intensität sich nicht merklich ändert, also als constant angesehen werden kann, erhält man eine Kenntniss von dem
zeitlichen Verlaufe des ganzen Stromes, welche um so genauer ist, je kleiner die einzelnen Zeittheilchen waren, in
welche man den Strom zerlegt hat.

Ist die Dauer der Ströme sehr gering, so kann man
sie auch einfach für constant ansehen, und durch gleichzeitige Beobachtung des Dynamometer und der Bussole
ihre Dauer und Intensität bestimmen. (Vgl. §. 66.) Man
erhält dann freilich für die Dauer nicht den wahren Werth,
sondern einen etwas zu geringen, doch ist dieser Fehler
meist zu vernachlässigen.

Capitel XI.

Von den Thermoströmen und der ·electrischen Temperaturbestimmung.

§. 68. Unter den vielen Quellen der Electricitätsentwickelung verdient noch eine unsere Aufmerksamkeit in Anspruch zu nehmen, wegen der wichtigen Anwendung, welche sie für physiologische und klinische Zwecke gestattet. Es ist dies die Electricitätsentwickelung, welche in einem aus zwei Metallen gebildeten Kreise stattfindet, wenn die beiden Grenzen, in welchen die Metalle zusammenstossen, ungleiche Temperatur haben.

Löthet man an einen Wismuthstab einen zweimal rechtwinklig gebogenen Bügel von Kupferblech, stellt in das so geformte Viereck eine auf einer Spitze drehbare Magnetnadel und bringt das Viereck in den magnetischen Meridian, so dass die Nadel sich gerade in dem Bügel befindet, erhitzt sodann einen der beiden Löthstellen, in welchen Kupfer und Wismuth zusammenstossen, so bemerkt man eine Ablenkung der Magnetnadel, welche so lange anhält, als die beiden Löthstellen ungleiche Temperatur haben. Diese Abweichung der Magnetnadel zeigt, dass in dem aus Wismuth und Kupfer gebildeten Kreise ein Strom circulirt, und aus der Richtung der Ablenkung erkennen wir, dass dieser Strom in der erwärmten Löthstelle vom Wismuth zum Kupfer fliesst.

Erkälten wir, nachdem die Nadel zur Ruhe gekommen, eine der beiden Löthstellen, so wird die Nadel abermals abgelenkt und zeigt jetzt einen Strom an, welcher in der erkälteten Löthstelle vom Kupfer zum Wismuth gerichtet ist.

Ebenso wie mit Wismuth und Kupfer gelingt dieser Versuch auch mit anderen Metallen, ja bei Anwendung des Antimons statt des Kupfers sind die Wirkungen sogar noch stärker.

Löthtet man an einen Wismuthstab beiderseits starke Kupferdrähte und verbindet diese mit der Tangentenbussole Fig. 8, so erhält man eine Ablenkung im einen oder anderen Sinne, wenn man die eine der beiden Löthstellen erwärmt oder erkältet. Wenn man nun die eine der Löthstellen auf constanter Temperatur erhält, indem man sie z. B. mit schmelzendem Eis umgiebt, und der anderen nach und nach verschiedene Temperaturen ertheilt, so kann man die Stärke der Ströme messen, welche diesen Temperaturen entsprechen. Auf diese Weise findet man, dass die electromotorische Kraft, welche durch die ungleiche Temperatur der beiden Löthstellen entsteht, proportional ist der Temperaturdifferenz der beiden Löthstellen.

Stellt man diesen Versuch mit anderen Metallen an, indem man z. B. den Wismuthstab durch einen Eisenstab ersetzt, so findet sich auch hier, dass die electromotorische Kraft den Temperaturdifferenzen der Löthstellen proportio-

nal ist, aber die absoluten Werthe der electromotorischen
Kräfte für eine und dieselbe Temperaturdifferenz sind nicht
dieselben bei Anwendung des Eisenstabes wie bei Anwendung des Wismuthstabes. Ebenso würde man wieder andere Werthe erhalten, wenn man einen Stab von Neusilber
oder sonst einem anderen Metalle nähme.

In allen diesen Fällen ist das eine der beiden angewandten Metalle stets Kupfer. Man kann aber auch die
electromotorischen Kräfte anderer Metallcombinationen mit
Hülfe der Tangentenbussole prüfen. Löthet man z. B. an
einen Wismuthstab jederseits einen Antimonstab und verbindet die beiden Antimonstäbe mit der Tangentenbussole
mit Hülfe kupferner Drähte, so hat man einen Kreis aus
drei Metallen: Wismuth, Antimon und Kupfer. Behalten
die beiden Löthstellen, in welchen Kupfer und Antimon
zusammenstossen in dem Versuche stets gleiche Temperatur, so kann durch sie kein Strom erzeugt werden. Erwärmt oder erkältet man also eine der Löthstellen zwischen
Wismuth und Antimon so erhält man einen Strom ebenso
als wenn der Kreis nur aus diesen beiden Metallen be-
stände.

§. 69. Auf diese Weise kann man die electromotorischen Kräfte zwischen beliebigen Metallcombinationen für
eine bestimmte Temperaturdifferenz bestimmen. Die folgende Tabelle giebt einige solche nach den Versuchen von
WIEDEMANN.

Es ist für 1° C. Temperaturdifferenz die electromotorische Kraft zwischen:

Eisen und Silber . . . 3,64
Eisen und Kupfer . . 3,81
Eisen und Neusilber 7,67

BECQUEREL bestimmte die elektromotorische Kraft für 20° Temperaturdifferenz, die zwischen Zink und Kupfer gleich 1 gesetzt, zu:

Eisen	— Zinn	31,24
Kupfer	— Platin	8,55
Eisen	— Kupfer	27,96
Silber	— Kupfer	2
Eisen	— Silber	26,20
Eisen	— Platin	36,07
Kupfer	— Zinn	3,50
Zink	— Kupfer	1
Silber	— Gold	0,50

Aus der BECQUEREL'schen Tabelle lässt sich ein sehr wichtiges Gesetz ableiten. Nehmen wir nämlich die elektromotorische Kraft zwischen Kupfer und Zinn = 3,50 + der elektromotorischen Kraft zwischen Eisen und Kupfer = 27,96, so erhalten wir den Werth 32,46. Dieser ist aber sehr wenig verschieden von dem Werth für die Combination Eisen — Zinn (31,24). Ebenso ist Eisen — Kupfer (27,96) + Kupfer — Platin (8,55) = 36,51 nur wenig verschieden von dem für Eisen — Platin gefundenen Werthe (36,07). Es ist also die elektromotorische Kraft zwischen Eisen und Kupfer plus der elektromotorischen Kraft zwischen Kupfer und Platin gleich der elektromotoriscken Kraft zwischen Eisen und Platin. Und dies gilt auch für die anderen Metalle. Bildet man daher einen Kreis aus drei Metallen z. B. Eisen, Platin und Kupfer und erwärmt die beiden Löthstellen, mit welchen das Platin einerseits an Eisen, andererseits an Kupfer stösst, gleichmässig, so erhält man denselben Strom, als wäre das Kupfer direkt an das Eisen gelöthet und dort auf die nämliche Temperatur erwärmt worden.

Aus dem Gesagten geht hervor, dass man die Körper muss in eine Reihe ordnen können, der Art, dass bei der Combination je zweier Körper der Reihe die elektromotorische Kraft für eine bestimmte Spannungsdifferenz stets die Summe der elektromotorischen Kräfte der zwischenliegenden ist. Diese Reihe heisst die thermoëlektrische Spannungsreihe. Es ist folgende:

—	Kupfer
Wismuth	Zinn
Neusilber	Aluminium
Nickel	Blei
Kobalt	Zink
Quecksilber	Silber
Platin	Eisen
Gold	Antimon
Messing	+

Die Zeichen — und + am Anfang und Ende der Reihe zeigen an, dass der Strom in der erwärmten Löthstelle von dem in der Reihe später stehenden zu dem früher stehenden gerichtet ist.

Die eben mitgetheilte Spannungsreihe ist allerdings in ihrem Werthe dadurch etwas beschränkt, dass schon geringfügige Umstände, wie ganz geringe Beimengungen zu einem Metall oder Unterschiede in der Härte u. d. gl. die Stellung des Metalles in der Reihe ändern können. Auch die oben angeführte Proportionalität zwischen den Temperaturdifferenzen und den elektromotorischen Kräften erleidet bei höheren Temperaturen Ausnahmen. So ist z. B. nach den Versuchen von WIEDEMANN die elektromotorische Kraft für 1° Temperaturdifferenz für Kupfer — Eisen

zwischen 0 und 35°   3,90

  „   „   „   48°   3,80

  „   „   „   61°   3,73

  „   „   „   76°   3,61

  „   „   „   82°   3,56

für Kupfer — Neusilber

zwischen 0 und 32°   3,54

  „   „   „   73°   3,82

Wir sehen also, dass für Kupfer—Eisen die elektromotorische Kraft mit Temperaturerhöhung abnimmt, und dies ist bei den meisten Combinationen die Regel. Für Kupfer — Neusilber ist es dagegen gerade umgekehrt. Bei höheren Temperaturen tritt die Abweichung vom Proportionalitätsgesetz noch deutlicher hervor, ja es kann hier sogar eine Umkehrung der Stromesrichtung im Vergleich zu der bei niederen Temperaturen eintreten. Bei Kupfer — Eisen z. B. ist bei niederen Temperaturen der Strom in der erwärmten Löthstelle vom Kupfer zum Eisen gerichtet. Erhält man die eine Löthstelle auf 0° und erwärmt die andere, so nimmt der Strom bis 140° an Stärke zu, dann wird er wieder schwächer und ist bei 300° Null, um bei noch höherer Temperatur mit umgekehrter Richtung wieder zu erscheinen.

§. 70. Die elektromotorischen Kräfte, welche durch ungleiche Temperatur in zusammengelötheten Metallen entstehen, sind überaus klein und nur dem sehr geringen Widerstande, welchen die nur aus Metallen ohne Dazwischenkunft feuchter Leiter gebildeten Kreise bieten, ist die verhältnissmässige Stärke der Ströme zu verdanken. So ist z. B. die elektromotorische Kraft eines Elementes Kupfer —

Neusilber bei 100° Temperaturdifferenz nur $\frac{1,108}{1000}$ der elektromotorischen Kraft eines DANIELL'schen Elementes. Man kann aber die elektromotorischen Kräfte bedeutend steigern, wenn man viele Elemente zu einer zusammengesetzten Kette vereinigt. Solche „Thermosäulen" erhält man dadurch, dass man eine Anzahl gerader Stäbe, z. B. von Antimon und Wismuth, abwechselnd parallel neben einander legt, ohne dass sie sich berühren und nun die Enden derselben wechselweise mit einander verlöthet. Der erste Antimon- und der letzte Wismuthstab bleiben an einem Ende frei und werden mit dem Multiplikator verbunden. Indem man nun sämmtlichen auf derselben Seite liegenden Löthstellen die gleiche Temperatur giebt, erhält man in allen Elementen Ströme in derselben Richtung, welche sich also summiren.

§. 71. Da der Widerstand einer solchen Thermosäule immer noch trotz der vielen Elemente ein sehr geringer ist, so darf man in den Schliessungsbogen keine grossen Widerstände einschalten, wenn man starke Wirkungen erhalten will. Da nun die Ablenkungen der Tangentenbussole, Fig. 8, deren Widerstand allerdings, da sie nur aus einem zum Kreise gebogenen Kupferstreifen besteht, sehr gering ist, bei geringen Temperaturunterschieden zu klein ausfallen würden, so sieht man sich andererseits doch genöthigt, empfindlichere Messwerkzeuge anzuwenden. Man bedient sich zu dem Ende eigener Multiplicatoren mit astatischem Nadelpaar und sehr wenigen (50—100) Windungen eines dicken Kupferdrahtes, dessen Widerstand eben nicht sehr gross ist, so dass der Strom der Thermosäule nicht zu sehr geschwächt wird.

Sehr zweckmässig zu solchen Messungen ist aber auch die in Fig. 32 abgebildete Tangentenbussole mit Spiegel-

ablesung, welche man zu diesem Zwecke mit besonderen
Rollen eines dicken Drahtes von wenig Windungen ver-
sieht. Man kann auf diese Weise selbst mit einem einzigen
Thermoëlemente und sehr geringen Temperaturdifferenzen
noch deutlich messbare Wirkungen erhalten.

Auf diese Weise ist es möglich, sich der Thermoströme
zu Temperaturbestimmungen zu bedienen, indem man aus
der Stärke der Ströme auf den Temperaturunterschied der
Löthstellen schliesst. Wenn dann die eine Löthstelle (bezüglich die eine Seite der Thermosäule) auf bekannter constanter Temperatur erhalten wird, z. B. durch Eintauchen
in Eiswasser, so kann man aus der Stärke des Stromes
direkt die Temperatur der andern Löthstelle berechnen.
Bedient man sich hierbei des Thermomultiplicators, so muss
man denselben vorher empirisch graduiren. Man bringt die
eine Löthstelle nach und nach auf verschiedene Temperaturen, während die andere auf constanter Temperatur erhalten wird, z. B. durch Eiswasser, und notirt die jedes-
malige Ablenkung der Nadel. Man erhält so eine Tabelle,
aus welcher hervorgeht, wie gross die einer bestimmten
Temperaturdifferenz entsprechende Ablenkung ist. Bleiben
die Versuche jedoch innerhalb der Grenzen, wo die Proportionalität der Strömstärken mit den Temperaturunterschieden gültig ist, so verfährt man folgender Maassen.
Man hält beide Löthstellen auf constanter Temperatur, indem man z. B. die eine in schmelzendes Eis, die andere
in kochendes Wasser taucht. Nun leitet man von dem so
erzeugten constanten Strom einen Bruchtheil durch den
Multiplicator, indem man eine Nebenschliessung zu demselben anbringt, deren Widerstand ein bekannter Bruchtheil des Multiplicatorwiderstandes ist. Die Stärke des

durch den Multiplicator gehenden Stromes lässt sich leicht
nach den KIRCHHOFF'schen Formeln angeben (Vgl. §. 40).
Indem man so nach und nach immer andere Bruchtheile
des vollen Stromes durch den Multiplicator gehen lässt,
und die betreffenden Ablenkungen notirt, kann man ihn
sehr schnell und sicher graduiren.

Bedient man sich zur Strommessung der Spiegel-
Tangentenbussole, so kann man die Stromstärken bekanntlich den an der Scala abgelesenen Ablenkungen direkt
proportional setzen. Es genügt daher, für eine bestimmte
Temperaturdifferenz die Ablenkung zu bestimmen, um aus
jeder anderen Ablenkung die vorhandene Temperaturdifferenz zu finden, vorausgesetzt natürlich, dass die Ablenkungen
sehr klein bleiben, und dass die Proportionalität zwischen
Stromstärke und Temperaturdifferenz gültig bleibt. Ist nun
das Instrument für die Messung sehr kleiner Temperaturdifferenzen eingerichtet, so wird es für grössere, z. B. von
100° eine zu grosse Empfindlichkeit haben, es wird durch
diese zu stark abgelenkt werden, um eine Messung zu gestatten. Es ist dann wiederum nöthig, nur einen kleinen
Bruchtheil des starken Stromes durch das Instrument zu
leiten, indem man eine passende Nebenschliessung zu demselben anbringt.

§. 71. Bei der Anwendung der electrischen Tempe-
raturbestimmung in der Physiologie und Pathologie hat
man besonders darauf zu achten, dass die anzuwendenden
Thermoëlemente keine zu grosse Masse besitzen, damit sie
schnell die Temperatur des zu messenden Theiles annehmen,
und demselben keine ins Gewicht fallende Wärmemenge
entziehen. Andererseits darf ihr Widerstand nicht zu be-

trächtlich sein. Je nach dem speciellen Zwecke giebt man den Elementen verschiedene Formen.

Handelt es sich einfach darum, zu untersuchen, ob an zwei Orten gleiche oder verschiedene Temperatur herrscht, beziehlich den vorhandenen Unterschied zu messen, so bedient man sich am besten nadelförmiger Elemente, welche man so in die Gewebe einsticht, dass die beiden Löthstellen an die betreffenden Orte zu liegen kommen. Solche Nadeln von mässiger Dicke kann man bekanntlich ohne Schaden in die Gewebe einführen. Macht man dieselben platt bandförmig, so lassen sie sich in faserige Gewebe, wie Muskeln, noch leichter ohne Schaden einführen und bieten einen möglichst geringen Widerstand. Man fertigt dieselben am besten aus Eisen und Neusilber, welche in der thermoëlectrischen Spannungsreihe sehr weit auseinander stehen, also kräftige Ströme geben. Die noch kräftiger wirkenden Metalle Antimon und Wismuth empfehlen sich nicht zu diesem Zweck, da sie zu brüchig sind. Auch Nadeln von Eisen und Kupfer sind sehr zweckmässig, besonders wenn die zu messenden Temperaturunterschiede etwas grösser sind oder der Raum es gestattet, mehre Elemente zu combiniren. Man verbindet dann die hervorragenden Enden der Nadeln mit dem Thermomultiplicator oder der Spiegelbussole und berechnet aus der Ablenkung den Temperaturunterschied.

Nicht immer wird es jedoch möglich sein, eine Nadel, welche etwa aus einem Eisen- und zwei daran gelötheten Kupferdrähten besteht, so in die Gewebe einzuführen, dass die beiden Löthstellen an die Stellen zu liegen kommen, deren Temperatur gemessen werden soll. So z. B. wenn die Temperaturen in dem M. biceps bracchii jeder Seite mit einander verglichen werden sollten. Man zerlegt dann

jedes Thermoëlement in zwei Nadeln, von denen jede einfach aus zwei an einander gelötheten Drähten aus Eisen
und Kupfer besteht. Senkt man in jeden Arm eine solche
Nadel und verbindet die beiden Eisenenden mit einander
durch einen beliebigen Draht, die beiden Kupferenden mit
dem Multiplicator, so hat man offenbar ein zum Kreise ge-
schlossenes Thermoëlement, in welchem der Strom in der
wärmeren Löthstelle vom Eisen zum Kupfer gerichtet ist.
Will man mehre Elemente säulenartig verbunden anwenden,
so steckt man in jeden Arm eine gleiche Anzahl solcher
Nadeln, verbindet immer die Eisenenden der gleichziffrigen
mit einander, dagegen das eine Kupferende des ersten
Nadelpaares mit dem einen Kupferende des zweiten u. s. f.
während ein Kupferende der ersten und eines der letzten
Nadel mit dem Multiplicator verbunden werden.

Zuweilen ist es nicht möglich, gerade Nadeln so durch
das Gewebe zu stecken, dass die Löthstelle an den Ort
kommt, dessen Temperatur gemessen werden soll. Man
giebt dann den Nadeln eine andere Gestalt, so dass die
Löthstelle endständig wird. Ein Kupfer- und ein Eisen- ·
draht werden parallel neben einander gelegt, jedoch von
einander isolirt bis auf die Enden der einen Seite, welche
zusammengelöthet und zugespitzt werden, um sie in das
Gewebe einstechen zu können. Zwei solcher Nadeln bilden
natürlich ein Thermoelement, dessen vier Enden passend
mit einander und dem -Multiplicator verbunden werden.
Die in das Gewebe einzuführenden Nadeln müssen stets
stark gefirnisst sein, damit nicht ein Theil der Ströme durch
das Gewebe selbt seinen Weg nehme.

Will man, wie es z. B. bei klinischen Beobachtungen
der Fall sein könnte, die Thermonadeln nicht gern in den
Körper einstechen, so kann man den Elementen die Form

kleiner Plättchen geben, welche man mit ihren Löthstellen
an die Haut andrückt, und mit schlechten Wärmeleitern
bedeckt, damit se vollkommen die Temperatur der Haupt-
stelle annehmen. Man kann die Elemente zu dem Ende
an passende Armbänder u. dgl. von Leder oder Wolle
befestigen, so dass sie sich leicht unverschiebbar anlegen
lassen.

§. 72. Kommt es nicht darauf an, Unterschiede der
Temperatur zweier Orte zu messen, sondern die absolute
Temperatur eines Ortes, so muss man die eine Löthstelle
an diesen Ort bringen, die andere aber auf constanter und
bekannter Temperatur erhalten. Am leichtesten geschieht
dies durch Eintauchen in schmelzendes Eis oder kochendes
Wasser. Bei physiologischen Versuchen nun, wo die zu
messende Temperatur um 40° herum liegt, würde die Temperaturdifferenz sehr gross sein, man erhielte sehr starke
Ströme, aber die Empfindlichkeit für kleine Aenderungen,
auf welche es doch ankommt, würde sehr gering sein. Man
muss daher der anderen Löthstelle eine Temperatur geben,
welche der zu messenden sehr nahe liegt. Am besten erreicht man dies durch Eintauchen in Oel oder Quecksilber,
welche die ihm mitgetheilte Temperatur nicht schnell ändern,
so dass sie während der kurzen Zeit, welche zur Beobachtung besonders mit der Spiegelbussole nöthig ist, als vollkommen constant angesehen werden kann. Man liest die
Temperatur des Oeles an einem eingetauchten empfindlichen
Thermometer ab, und findet so durch Vergleichung die
absolute Temperatur der anderen Löthstelle. Je weniger
die beiden Temperaturen von einander verschieden sind,
desto empfindlicher muss das Instrument sein, desto genauere Bestimmungen sind aber auch möglich. Natürlich

muss das Thermoëlement beim Eintauchen in Quecksilber gut gefirnisst sein.

Handelt es sich nicht darum, die absolute Temperatur eines Ortes zu messen, sondern zu bestimmen, ob und um wie viel seine Temperatur sich in gewissen Zuständen ändert, z. B. ob in den Muskeln bei der Zusammenziehung Wärme entwickelt werde, so führt man die eine Löthstelle in das zu untersuchende Gewebe ein, die andere an einen Ort, welcher nahezu oder ganz dieselbe Temperatur hat. Im letzteren Falle besteht gar kein Strom im Kreise. Lässt man nun die Muskeln sich zusammenziehen, und wird dabei Wärme entwickelt, so muss die Nadel abgelenkt werden. Ist aber die Temperatur an den Löthstellen nicht gleich, so thut man am besten, den vorhandenen Strom erst zu compensiren, damit die Nadel auf Null stehe, wo sie jede Veränderung mit der grössten Empfindlichkeit anzeigt. Dieses Compensiren kann entweder mit Hülfe des Rheochords und eines DANIELL'schen Elementes geschehen, wie wir dies in §. 62 kennen gelernt haben, oder man kann sich auch hierzu der Thermoströme bedienen. Zu dem Ende schaltet man in den Kreis eine Thermosäule ein, stellt vor das eine Ende derselben einen Metallschirm und dahinter einen mit warmem Wasser gefüllten Würfel. Indem man den Metallschirm vorsichtig fortschiebt, kann man die eine Seite der Thermosäule gerade so stark durch Bestrahlung erwärmen, dass die Nadel des Multiplicators auf Null steht.

Eine solche Versuchsreihe machte BECQUEREL, und nach ihm HELMHOLTZ über die Wärmeentwickelung bei der Muskelcontraction. HELMHOLTZ führte drei bis sechs platte Nadeln aus Eisen und Neusilber quer durch die Oberschenkelmuskeln von Fröschen, so dass die sechs einen Löthstellen in dem einen, die sechs anderen in dem anderen Schenkel steckten. Die Nadeln wurden so verbunden, dass der Strom bei Erwärmung des einen Schenkels durch alle Nadeln in gleicher Richtung gehen musste.

Eine Compensation wurde nicht angewandt, sondern er wartete ab, bis. die Schenkel gleiche Temperatur hatten. Wurde nun der eine Schenkel von seinen Nerven aus in Tetanus versetzt, so zeigte der Thermomultiplicator eine Ablenkung, welche einer Temperaturerhöhung um 0°,14 bis 0°,18 C. entsprach.

§. 73. Eine andere wichtige Anwendung der Thermosäulen ist die zur Untersuchung der Wärmeabsorption, z. B. in den Augenmedien. Stellt man auf die eine Seite einer Thermosäule eine constante Wärmequelle, z. B. einen Metallwürfel, in welchem Wasser im Kochen erhalten wird, so wird die Thermosäule durch Bestrahlung erwärmt, und giebt, wenn man die andere Seite der Säule auf constanter Temperatur erhält, einen constanten Strom. Je näher der Bestrahlungswürfel der Säule steht, desto grösser ist die Erwärmung, welche bekanntlich im umgekehrten Verhältniss des Quadrates der Entfernung geschieht. Schaltet man nun in den Gang der Wärmestrahlen die Augenmedien ein, so wird ein Theil der Wärmestrahlen absorbirt und die Nadel zeigt eine andere Ablenkung als vorher. Aus dem Unterschied der beiden Ablenkungen lässt sich die Menge der absorbirten Wärme berechnen. Noch genauer geschieht dies, wenn man den beiden Seiten der Thermosäule zwei gleiche Wärmequellen in gleicher Entfernung gegenüber stellt, so dass kein Strom im Multiplicator entstehen kann, oder auch wenn man die Bestrahlung auf der einen Seite mit Hülfe eines Schirmes regelt und so den Strom compensirt, wie im vorigen Paragraph angegeben wurde. Auf diese Weise kann man die Absorption mit vieler Schärfe messen.

Capitel XII.

Von der Anwendung der Electricität in der Medicin.

—

§. 74. Die physiologischen Wirkungen der Elektricität sind so bedeutende, dass ihre Anwendung als Heilmittel schon seit den ersten Zeiten, wo man ihre Wirkungen kannte, versucht worden ist. Aber erst in neuester Zeit hat dieser Zweig der Medicin durch das genauere Studium der physiologischen Wirkungen der Electricität und durch die Vervollkommnung der Apparate und Methoden eine sichere Grundlage erhalten.

Die ruhende, statische Electricität ist keiner physiologischen Wirkungen fähig; nur die bewegte, in Form des electrischen Stromes auftretende kann solche zeigen. Diese physiologischen Wirkungen des Stromes zeigen sich bei ihrem Durchgange durch Nerven und Muskeln. Ausserdem aber entwickelt der electrische Strom natürlich in allen Geweben seine physikalischen Wirkungen, Electrolyse u. s. w. Sowohl die eigentlich physiologischen als die allgemein physicalischen Wirkungen können zu Heilzwecken benutzt werden.

Die physiologischen Wirkungen der Electricität auf Muskeln und Nerven sind entweder erregende oder modificirende. Werden Muskeln und Nerven der Einwirkung gewisser Agentien ausgesetzt, so gerathen sie in den Zustand der Thätigkeit, welcher sich im Muskel als Zusammenziehung äussert, im Nerven eine äusserlich nicht sichtbare innere Molnkularbewegung darstellt, welche sich im Nerven fortpflanzt und wenn sie im motorischen Nerven zum Muskel, im sensiblen zum nervösen Centralorgan gelangt, diese Gebilde zur Thätigkeit anregt. Diese Thätigkeit ist im Muskel wiederum Zusammenziehung, im Centralorgan des sensiblen Nerven Empfindung, u. z. je nach der Natur des Nerven entweder Schmerzempfindung oder specifische Sinnesempfindung.

Alle Agentien, welche auf die Muskeln und Nerven wirkend diese zur Thätigkeit veranlassen, nennt man Reize. Der electrische Strom nimmt unter den Reizen eine hervorragende Stellung ein, wegen der Leichtigkeit seiner Anwendung und der Möglichkeit genauer Abstufung seiner Stärke. Aus denselben Gründen empfiehlt er sich auch zur Anwendung in der practischen Medicin in allen Fällen, wo es darauf ankommt, reizend oder erregend auf Muskeln und Nerven zu wirken, sie zur Thätigkeit anzuregen.

Der electrische Strom wirkt jedoch nicht in allen Fällen gleich erregend auf Nerven und Muskeln. Leitet man einen constanten Strom durch dieselben, so geschieht nur eine schwache oder gar keine Erregung. Wenn aber der Strom eine plötzliche Veränderung seiner Stärke erfährt, so wirkt er stark erregend. Dies ist z. B. der Fall, wenn man den constanten Strom schliesst und öffnet. Man sieht dann jedesmal eine starke Zuckung der Muskeln und fühlt einen lebhaften Schmerz, während bei der gleichmässigen Dauer

des Stromes der Schmerz weniger intensiv ist und oft gar
keine Muskelcontractionen auftreten.

Um daher mit Hülfe des electrischen Stromes starke
Erregung zu bewirken, muss man die electrischen Ströme
nicht in constanter Stärke durch die Muskeln oder Nerven
leiten, sondern ihre Stärke recht oft wechseln lassen. Noch
besser aber thut man in diesem Falle, sich solcher Ströme
zu bedienen, welche gar nicht constant sind, sondern nur
kurze Zeit dauern, während dieser Zeit zu einer gewissen
Stärke anwachsen und dann sogleich wieder abnehmen.
Leitet man einen solchen Strom durch Muskel oder Nerv,
so erfolgt nur eine einzelne Erregung, deren Stärke von
der Stärke und Dauer jenes Stromes abhängt; lässt man
aber viele solche Ströme hintereinander durch den Nerven
gehen, so erhält man eine dauernde Erregung.

Solche kurzdauernde Ströme sind die durch statische
Electricität erzeugten Ströme der Leydener Flasche, und
die durch Induction erzeugten. Die Anwendung der
ersteren ist umständlich und unbequem, auch ist es schwer,
sie richtig abzustufen. Dagegen leisten die Inductionsströme im höchsten Maasse Alles, was hier verlangt wird,
besonders wenn der Apparat gestattet, nach Belieben
schwache und starke Ströme anzuwenden, sie mit grösserer
oder geringerer Schnelligkeit sich folgen zu lassen u. s. f.
Alles dieses leistet auf das Vollkommenste der Schlitten-
magnetelectromotor von DU BOIS-REYMOND, welcher
oben §. 53 beschrieben und Fig. 27 abgebildet ist. Derselbe
verdient daher auch vor allen anderen Apparaten ähnlicher
Art den Vorzug für die Anwendung in der Praxis.

Die Stärke der Erregung, welche man mit diesem
Apparat erzielen kann, hängt ab von der Stärke der Inductionsströme, welche er liefert und ihrer Dauer. In

letzterer Beziehung haben wir schon gesehen, dass ein
bedeutender Unterschied besteht zwischen dem Strom,
welcher bei der Schliessung des primären Stromes in der
secundären Rolle entsteht, und demjenigen, welcher bei der
Oeffnung erzeugt wird. Indem der letztere eine viel kür-
zere Dauer hat, wirkt er viel energischer erregend, als der
Schliessungsinductionsstrom. Die absolute Stärke beider
Ströme aber kann durch Verschiebung der secundären
Rolle beliebig abgestuft werden.

§. 75. Bei der practischen Anwendung des Magnetelectromotors hat man entweder den Zweck, auf die Muskeln zu wirken, oder auf die sensiblen Nerven. Es
ist das grosse Verdienst DUCHENNE's, die Methoden ausge-
bildet zu haben, durch welche es möglich ist, diese Wirkungen getrennt vorzunehmen, ausserdem aber auch die
Wirkung der Electricität auf einzelne Muskeln und Muskelgruppen zu beschränken. DUCHENNE nennt dies faradisa-
tion localisée. (Der Name ist abgeleitet von MICHEL FA-
RADAY, dem berühmten Entdecker der Inductionsströme,
und soll bedeuten Erregung durch Inductionsströme).
DUCHENNE selbst waren die physicalischen Principien seiner
Methode nicht durchweg klar. Seine Angaben enthalten
daher zum Theil Unwesentliches, nur von den zufälligen
Bedingungen seiner Apparate Abhängiges, welches man
von dem wesentlichen Kern durchaus trennen muss.

Setzt man zwei mit den Enden der Inductionsspirale
verbundene Leiter an zwei Punkten des Körpers auf, so
nehmen die Ströme ihren Weg durch den Körper, nach
den Gesetzen der Stromvertheilung in unregelmässig gestalteten Leitern, wie wir sie in §. 44 kennen gelernt haben.
Es wird dann der ganze Körper von Stromescurven erfüllt,

welche alle in den beiden Punkten zusammenlaufen, wo die Leiter (Electroden) auf der Körperoberfläche aufstehen. Die Stärke der Ströme ist nicht in allen diesen Bahnen die gleiche, sondern am grössten in der geraden Verbindungslinie der beiden Electroden und dann immer abnehmend im umgekehrten Verhältniss der Länge der Curven. Legt man irgendwo im Körper einen Querschnitt senkrecht auf die Stromcurven, so ist die durch denselben fliessende Electricitätsmenge überall dieselbe. Aber diese Electricitätsmenge fliesst in unmittelbarer Nähe der Electroden durch einen Querschnitt von viel geringerer Ausdehnung, als an irgend einer anderen Stelle. Denn in der Nähe der Electroden sind sämmtliche Stromescurven auf einen engen Raum zusammengedrängt. Hier also erlangt die Electricität ihre grösste Dichte, diese wird geringer zwischen den beiden Electroden, noch geringer in grösserer Entfernung von denselben ausserhalb der sie verbindenden Geraden.

Nun ist es aber die Stromdichte, von welcher die Grösse der physiologischen Wirkung abhängt. Wenn also die Inductionsströme auf die bezeichnete Art durch den Körper geleitet werden, so wird ihre Wirkung nicht überall die gleiche sein können, sondern sie wird am grössten sein, in unmittelbarer Nähe der beiden Electroden, kleiner zwischen denselben, am kleinsten ausserhalb der geraden Verbindungslinie und zwar mit der Entfernung von den Electroden sehr schnell abnehmen. Leiten wir nun auf die bezeichnete Art Inductionsströme durch den Körper, welche so schwach sind, dass sie nirgends eine Wirkung ausüben, auch da nicht, wo ihre Dichte am grössten ist, und verstärken nun die Ströme allmählich durch Annähern der secundären Spirale an die primäre, so wird die Stromstärke und also auch die Stromdichte an allen Punkten des Körpers wachsen, am schnellsten aber an den Electroden selbst. Es wird daher endlich ein Punkt erreicht werden, wo sie in der Nähe der Electroden gerade die nöthige Dichte erreicht hat, um die dort gelegenen erregbaren Gebilde zu erregen, während alle anderen Gebilde noch unerregt bleiben. Steigert man nun die Stromstärke noch mehr, so wird man auch die zwischen den Electroden befindlichen Gebilde erregen können, was aber ausserhalb derselben liegt, wird noch in Ruhe bleiben, und nur bei sehr starken Strömen würde es möglich sein, auch diese in grösserer oder geringerer Ausdehnung, je nach der Nähe an den Elektroden mit in Erregung zu versetzen.

§. 76. Man sieht also, wie es möglich ist, die Wirkung der electrischen Ströme zu localisiren, auf bestimmte einzelne Gebilde zu beschränken, trotzdem die Electricität alle Wege einschlägt, welche ihr offen stehen, stets den ganzen Körper mit Stromescurven erfüllt. Nun aber liegen da, wo die Electricität die grösste Dichte hat, dicht unterhalb der Electroden, zunächst die Endigungen sensibler Nerven in der Haut und dann je nach Umständen Muskeln oder motorische Nerven. Diese werden dann von der Erregung betroffen. Es ist aber höchst wünschenswerth, die sehr schmerzhafte Erregung der sensibelen Nerven zu vermeiden, wenn es nur darauf ankommt, Muskeln zur Contraction zu bringen, und umgekehrt die Muskeln in Ruhe zu lassen, wo man nur auf die sensiblen Nerven zu wirken beabsichtigt. Auch hierzu hat Duchenne die Wege gebahnt.

Setzt man nämlich als Electroden zwei Drähte oder Metallplatten auf die Haut, so müssen die Ströme, um zu den darunter liegenden Muskeln oder Nerven zu gelangen,

erst die Epidermis durchsetzen. Nun bietet aber diese
einen ungeheuren Widerstand dar, ja es ist sogar wahr-
scheinlich, dass die trockene Epidermis an sich gar nicht
leitet, sondern dass in diesem Falle die Electricität ihren
Weg nur durch die Schweisskanälchen nimmt. Durch diesen ungeheuren Widerstand nun werden die Ströme bedeutend geschwächt, und es ist daher schwer auf diese Weise
die unter der Haut gelegenen Muskeln und Nerven zu erregen. Denn sobald die Ströme die Haut durchdrungen
haben, breiten sie sich in den darunter gelegenen verhältnissmässig gut leitenden Massen nach allen Richtungen aus,
und erlangen bei ihrer Schwäche nirgends die zur Erregung nöthige Dichte. In der Haut selbst dagegen sind
die Ströme in sehr engen Bahnen zusammengedrängt, hier
ist ihre Dichte am grössten. Sobald sie nun die Epidermis durchdrungen haben, treffen die Ströme gerade auf die
sensiblen Nerven der Cutis. In diesen müssen sie natürlich am leichtesten Erregung bewirken. Man erhält daher
die lebhafteste Schmerzerregung ohne Muskelzusammen-
ziehung.

Besteht die eine Electrode (an der anderen sind die
Verhältnisse natürlich dieselben, weshalb wir nur eine einzige betrachten wollen) aus einem Drahte, so würden die
Ströme auch nur in einem Punkte die Epidermis durch-
brechen, an diesem Punkte wird heftige Schmerzerregung
stattfinden. Wenden wir aber statt des Drahtes eine Platte
an, welche möglichst eng an die Oberfläche der Epidermis
sich anschliesst, so wird der Durchgang der Ströme durch
die Epidermis an vielen Punkten stattfinden. Nun ist aber
der Widerstand der Epidermis so gross, dass wir den Widerstand der Inductionsrolle und des sonst im Kreise befindlichen Theiles des Körpers dagegen als unendlich klein

ansehen können. Die Stromstärke wird daher nur bedingt
sein durch den Widerstand der Epidermis. An je mehr
Punkten nun der Strom die Epidermis durchbricht, um so
stärker ist der Strom, an jedem Punkte wird also die
Stromdichte dieselbe Grösse erlangen, als vorher bei Anwendung eines Drahtes als Electrode an diesem einen
Punkte. Handelt es sich daher um Erregung der sensiblen Nerven gewisser Hautpartieen, so wird man sich
nicht eines Drahtes als Electrode bedienen, sondern einer
metallenen Platte. Noch besser aber als eine solche ist es,
die Electrode in einen Pinsel von feinen Metalldrähten
auslaufen zu lassen, wie dies von DUCHENNE eingeführt ist.
Jeder der feinen Drähte giebt dann einen Eintrittspunkt
für die Electricität ab, an welchem die Dichte sehr gross
ist, wodurch also eine beträchtliche Erregung sämmtlicher
Gefühlsnerven im Bereiche des Pinsels bewirkt wird.

Hierbei ist vorausgesetzt worden, dass beide Electroden aus Drähten, Platten oder Pinseln bestehen. Dann
findet die Erregung auch an beiden statt. Da aber der
Widerstand der Epidermis dabei ausserordentlich gross ist,
so kommt es auch vor, dass bei nahe neben einander auf-
gesetzten Electroden und sehr trockener Epidermis die
entgegengesetzten Electricitäten sich in Funken an der
Oberfläche der Epidermis mit einander verbinden, und so
gar keine Erregung zu Stande kommt. Sind aber die
Electroden weiter von einander entfernt, so kann es vor-
kommen, dass durch den doppelten Widerstand der beiden
Epidermisstellen die Stromstärke so sehr verringert wird,
dass sie nicht ausreicht, überhaupt eine genügende Erregung zu bewirken. In diesem Falle kommt es darauf an,
den Widerstand zu verringern. Dies erreicht man nun dadurch, dass man die eine Epidermisstelle gut durchfeuchtet

und der auf sie aufzusetzenden Electrode die Gestalt einer
grossen mit einem feuchten Schwamme überzogenen Platte
giebt. Der Schwamm hat den Vortheil, die Epidermis
feucht zu erhalten und sich der Oberfläche gut anzuschmie-
gen. In Folge der Durchfeuchtung wird die Epidermis
ein besserer Leiter der Electricität, besonders wenn man
sich zum Durchfeuchten einer gut leitenden Flüssigkeit bedient, z. B. angesäuerten Wassers oder einer Kochsalzlösung, welche man noch erwärmen kann, um ihr Leitungsvermögen zu erhöhen (Vgl. §. 35 und 36). Da nun die
trockene Epidermis so schleicht leitet, dass man den Widerstand des übrigen Theiles des Kreises als unendlich
klein ansehen kann, so wird offenbar bei Anwendung einer
solchen feuchten Electrode der Widerstand des Kreises nur
halb so gross sein, als bei Anwendung zweier Pinsel. Dadurch steigt also die Stromstärke und folglich auch die
Dichte an dem Pinsel, auf das Doppelte, und die Erregung
der sensiblen Nerven wird hier sehr verstärkt. An der
feuchten Electrode aber ist die Stromdichte wegen des
grossen Querschnittes so gering, dass hier gar keine Erregung der sensiblen Nerven stattfindet.

§. 77. Ersetzt man nun aber auch die andere Electrode durch eine mit einem Schwamme überzogene Platte
und durchfeuchtet den Schwamm und die Epidermis an
der Aufsetzungsstelle, so wird der Widerstand noch kleiner, die Stromstärke wächst und es gelingt nun, die tiefer
gelegenen Muskeln und Nerven zu erregen, während in
der Haut selbst die Stromdichte bei richtiger Wahl der
Stromstärke so gering ist, dass sie keinen oder nur unbe-
deutenden Schmerz erregt. Die Erregung wird, nach dem
oben gesagten am stärksten sein in unmittelbarer Nähe der

Electroden. Besteht nun die eine Electrode aus einer grossen Platte, ist aber die andere kleiner, z. B. ein mit Schwamm überzogener Metallknopf, so wird an dieser letzteren die Stromdichte viel grösser sein, als an der ersteren, die Erregung wird an dieser stärker sein, und bei richtiger Wahl der Stromstärke an dieser allein stattfinden.

Nach diesen Auseinandersetzungen ist es leicht einzusehen wie man zu verfahren hat, um je nach Belieben eine Erregung der sensiblen Nerven der Haut oder der Muskeln zu bewirken, und im letzteren Falle einen einzelnen Muskel isolirt zur Zusammenziehung zu bringen. Will man auf die Hautnerven wirken, so wird man der einen Electrode die Gestalt einer grossen mit Schwamm überzogenen Platte geben und dieselbe irgendwo auf die wohl durchfeuchtete Haut aufsetzen. Als zweite Electrode aber wird man einen Metallpinsel anwenden, welchen man auf die zu reizende trockene Hautpartie aufsetzt. Indem man diesen leicht über die Haut hinführt, kann man nach und nach beliebig grosse Hautstrecken einer heftigen Erregung aussetzen, ohne dass ein einziger Muskel sich zusammenzieht. — Will man dagegen auf einen Muskel wirken, so wird man die eine Electrode wiederum eine grosse mit Schwamm überzogene Platte sein lassen, welche man auf die wohldurchfeuchtete Haut in der Nähe des zu erregenden Muskels aufsetzt. Als zweite Electrode aber wird man einen kleineren Schwamm anwenden, welchen man auf die wohldurchfeuchtete Haut über dem zu erregenden Muskel oder noch besser über dem zum Muskel gehörigen Nerven aufsetzt.

§. 78. Dieser letztere Umstand ist besonders beherzigenswerth. Setzt man nämlich die Electrode auf den

Muskel selbst auf, so werden zwar die unmittelbar unter
der Electrode gelegenen Fasern des Muskels direct von
Strömen grösserer Dichte gereizt; in den übrigen Partien
aber ist die Reizung schwächer und man erhält daher eine
kräftige Zusammenziehung des ganzen Muskels nur bei
Anwendung stärkerer Ströme. Setzt man dagegen die eine
Electrode auf den Nerven auf, so bringt die Erregung desselben sogleich eine kräftige Zusammenziehung des ganzen Muskels hervor. Ja die Stromdichte braucht dazu sogar im Nerven nur eine sehr viel geringere zu sein, als
sie im Muskel selbst sein müsste, um ihn zu einer gleich
starken Zusammenziehung zu bringen, weil die Erregbar-
keit der Nervenstämme sehr viel grösser ist, als die der
Muskeln selbst und der in ihnen verbreiteten intramuscu-
laren Nerven.

DUCHENNE fand zuerst, dass gewisse Punkte am Körper besonders
günstig seien für die Aufsetzung der einen Electrode, wenn man einzelne
Muskeln zur Zusammenziehung bringen wolle und nannte diese „Wahl-
punkte." REMAK wies darauf hin, dass diese „motorischen Punkte," wie
er sie nennt, Nichts seien, als die Eintrittsstellen der Nerven in die Muskeln. ZIEMSSEN hat dies bestätigt und die Punkte genauer bezeichnet,
an welchen man die eine Electrode aufsetzen muss, um die einzelnen
Muskeln zu erregen. Vgl. ZIEMSSEN: Die Electricität in der Medicin.
Berlin 1857. Mit vielen Abbildungen der motorischen Punkte.

Die Frage, wo man die zweite grössere Electrode aufzusetzen habe, ist im Allgemeinen dahin zu beantworten,
dass sie möglichst nahe der anderen anzubringen sei, damit der Widerstand der zwischen beiden enthaltenen Kör-
perstrecke möglichst klein werde. Diese Rücksicht ist bei
Erregung der sensiblen Nerven mittelst des Pinsels von geringerer Bedeutung, weil hier alle übrigen Widerstände
gegen den ungeheuren der trockenen Epidermis gar nicht
in Betracht kommen; bei der Erregung der Muskeln aber

ist sie wichtig. Je geringer man hier den Widerstand
macht, desto besser. Daher thut man gut, die grössere
Electrode auf den zu erregenden Muskelbauch selbst nahe
der anderen Electrode aufzusetzen. Je günstiger man die
Verhältnisse wählt, desto schwächere Ströme wird man anwenden können, desto leichter ist es dann aber auch, kräftige Muskelzusammenziehungen zu erlangen, ohne Schmer-
zen zu erregen.

Nach dem Vorhergehenden wird es leicht sein, das
Verfahren abzuleiten, welches bei der Erregung grösserer
Muskelgruppen zu befolgen ist. Man wird dann die Electroden so aufsetzen müssen, dass die Ströme in dem jene
Muskeln versorgenden Nervenstamme eine möglichst grosse
Dichte erlangen, und man wird sich dazu eine Stelle wählen, wo der betreffende Nervenstamm möglichst günstig
gelegen ist, womöglich nur von der Haut und der ober-
flächlichen Fascie bedeckt. Wo dies nicht der Fall ist, gelangt man oft zum Ziele, indem man die Electrode fest andrückt und so den Ort der grössten Stromdichte in die
Tiefe in die Nähe des Nerven verlegt. So z. B. kann
man den Phrenicus kräftig erregen, wenn man die eine
(kleinere) Electrode am hinteren Ende des M. sternocleido-
mastoideus etwas unter der Mitte seines Verlaufes fest eindrückt. Die andere Electrode setzt man dabei etwa in der
fossa supraclavicularis auf. Oder auch man bedient sich
zweier kleinen Electroden, welche man jederseits an der
bezeichneten Stelle tief eindrückt, und erregt so beide Phre-
nici zugleich. Es versteht sich übrigens von selbst, dass
wenn der solcher Gestalt erregte Nervenstamm ein gemisch-
ter ist, die gleichzeitige Schmerzerregung nicht umgangen
werden kann, welche dann nach dem Gesetz der excentri-
schen Empfindungen in den peripherischen Endausbreitun-

gen der erregten sensiblen Nervenfasern wahrgenommen
wird.

Schliesslich bleibt uns noch eine Bemerkung übrig in
Betreff der Richtung der Ströme. Dass diese bei den inducirten Strömen der secundären Spirale eine wechselnde
ist, haben wir im §. 52 gesehen. Da aber der Oeffnungsstrom als der schneller verlaufende stärker erregend wirkt,
so kommt seine Richtung allein in Betracht. Die physiologischen Versuche haben nun gezeigt, dass unter sonst
gleichen Umständen die Reizung durch die Inductionsströme an der negativen Electrode, d. h. dort wo der Strom
aus dem Kerper austritt stärker ist, als an der positiven.
Man thut daher gut, die kleinere Electrode, an welcher
ja hauptsächlich die Erregung stattfinden soll (beziehlich
bei Erregung der sensiblen Nerven den Pinsel) mit dem
Ende der Inductionsspirale zu verbinden, welches bei dem
Oeffnungsinductionsstrom die negative Electrode wird. Da
es aber nicht leicht ist, an dem fertigen Magnetelectromotor zu sehen, wie die Ströme in demselben gerichtet sind,
so muss man dies ein für alle Mal durch den Versuch feststellen. Man kann sich dazu der Jodkaliumelectrolyse bedienen. Man verbindet nämlich die Enden der secundären
Spirale mit zwei Platindrähten, welche man nahe neben
einander auf ein Stückchen Fliesspapier aufsetzt, dass mit
Jodkaliumstärkekleister getränkt ist. Dann leitet man den
Oeffnungsstrom durch das Papier, indem man den schon
vorher geschlossenen primären Strom öffnet. (Die Feder
wird dabei festgestellt, damit sie nicht spiele.) Am positiven Pole entsteht durch das ausgeschiedene Jod ein blauer
Fleck. Beim Gebrauch des Apparates muss natürlich der
primäre Strom stets dieselbe Richtung haben, wie in diesem Versuch. Man mache sich daher zur Regel, stets die

Klemme A (Fig. 27) mit dem Zink, die Säule G mit dem
Platin oder Kupfer zu verbinden.

Zum in Gang Setzen des Magnetelectromotors bedient
man sich am besten eines DANIELL'schen Elementes, welches vollkommen genügt, hinreichend starke Inductionsströme zu erzeugen. Zwei dergleichen Elemente hintereinander anzuwenden, bietet gar keinen Vortheil, da bei dem
geringen Widerstand der primären Spirale dadurch gar
keine Stromverstärkung erzielt wird (Vgl. §. 37). Im Gegentheil thut man vielmehr gut, dem Elemente etwas grössere Dimensionen zu geben, als sie gewöhnlich zu haben
pflegen, damit sein Widerstand möglichst gering sei. Sollte
man in einzelnen Fällen mit mit den so erzeugten Strömen
nicht ausreichen, so müsste man ein GROVE'sches oder
BUNSEN'sches Element anwenden, welches man aber in einem gut schliessenden, innen mit Glas ausgelegten Kasten
aufzustellen hätte, um nicht die Kranken durch die Dämpfe
zu belästigen. Noch besser wäre es, das Element in einem
Nebenzimmer oder vor dem Fenster zu haben und die
Drähte durch die Wand hindurch zu dem Apparat zu
führen.

§. 79. DUCHENNE empfiehlt, sich bei der Erregung
der Muskeln lieber des in der primären Rolle erzeugten
Extrastromes, bei der Erregung der sensiblen Nerven lieber der in der secundären Spirale erzeugten Inductionsströme zu bedienen. Wenn DUCHENNE glaubt, dass eine
Verschiedenheit zwischen beiden Arten von Inductionsströmen bestehe, vermöge deren der Extrastrom geeigneter sei,
die Muskeln, die Ströme der secundären Spirale geeigneter
die sensiblen Nerven zu erregen, so ist dies ein Irrthum.
Alle Ströme, sie mögen erzeugt sein auf welche Weise im-

mer, sind ihrer Natur nach stets gleich. Verschiedenheiten
der physiologischen Wirkung können stets nur veranlasst
sein durch Verschiedenheiten der Stärke und der Geschwindigkeit, mit der sich diese ändert. Der Grund der Verschiedenheit, welche DUCHENNE beobachtete, ist aber nur
in zufälligen Umständen zu suchen, welche in dem Bau
seines Apparates begründet sind. Die secundäre Spirale
des DUCHENNE'schen Apparates besteht nämlich aus vielfa-
chen Windungen eines ausserordentlich dünnen Drathes.
Mit der Zahl der Windungen wächst natürlich die electromotorische Kraft des in ihr erzeugten Inductionsstromes,
mit der Länge und Dünne des Drahtes wächst aber auch
ihr Widerstand. Dieser ist daher bei dem DUCHENNE'schen
Apparate ein sehr beträchtlicher. Benutzt man die secundäre Rolle zur Erregung der sensiblen Nerven, so kommt
dieser Widerstand gegen den noch viel grösseren der
trocknen Epidermis nicht so sehr in Betracht, man erhält
eine kräftige Erregung. Benutzt man aber den Extrastrom
der primären Spirale welche nur wenige Windungen eines
dicken Drahtes hat, so erhält man nur eine schwache Erregung, weil die electromotorische Kraft desselben sehr viel
geringer ist. Benutzt man dagegen denselben Extrastrom
zur Erregung der Muskeln, so bekommt man kräftige Ströme, da jetzt der Widerstand des eingeschalteten Körper-
theiles auch nur gering ist, also die Ströme nicht so sehr
schwächt. Bei der Erregung der Muskeln mit den Strömen der secundären Spirale aber sind die vielen Windungen von keinem Vertheil, weil durch sie zwar die electromotorische Kraft der Ströme vermehrt, aber auch der Widerstand vergrössert wird.

Alle diese Verhältnisse kommen nun bei dem Apparate von DU BOIS-REYMOND in viel geringerem Grade in

Betracht, weil bei diesem die secundäre Rolle gar nicht so
viele Windungen hat, als bei dem Duchenne'schen. Ihr
Widerstand ist daher viel geringer, und sie schwächt die
Ströme nicht in so hohem Grade. Bei diesem Apparate
hat es daher gar keinen Sinn, sich des Extrastromes zu
bedienen, welcher wegen der geringen Windungszahl der
primären Rolle stets schwächer ist. Ganz falsch aber ist
es, dies dadurch gut machen zu wollen, dass man beide
Rollen durch Drähte zu einer einzigen verbindet, wie z. B.
Ziemssen räth. Denn dadurch schwächt man den primären
Strom der Kette, von dessen Stärke doch wieder die Stärke des inducirten Extrastromes abhängt.

§. 80. Diese Auseinandersetzungen werden genügen,
um zu zeigen, wie man in jedem einzelnen Falle zu verfahren habe, um mit Hülfe der Inductionsströme Muskeln
oder Nerven zu erregen. In welchen Fällen dies nöthig
oder nützlich sei, dies zu untersuchen, ist hier nicht der
Ort, das ist Gegenstand der Electrotherapie. Es bleibt uns
nur übrig noch Einiges über die Anwendung des constanten Stromes zu sagen. Zur Erregung von Muskel-
zuckungen oder von Schmerzempfindungen diesen anzuwenden, scheint unnöthig, da zu diesem Zweck die Inductionsströme viel geeigneter sind. Dagegen kann es aus anderen
Gründen vortheilhaft sein, sich constanter Ströme zu
bedienen. Die physiologischen Versuche haben ausser der
erregenden Wirkung noch andere Einwirkungen der Ströme auf Muskeln und Nerven nachgewiesen. Diese „modi-
ficirenden" Wirkungen bestehen in Veränderungen der Er-
regbarkeit u. s. w. welche zum Theil während der Dauer
des Stromes auftreten, zum Theil denselben überdauern.
Leider sind die physiologischen Erfahrungen noch so gut

wie gar nicht für eine rationelle therapeutische Verwerthung
verwendbar.

Für die Anwendung der constanten Ströme sind natürlich dieselben Grundsätze maassgebend, wie für die Inductionsströme. Auch hier kommt es darauf an, die Bedingungen herzustellen, dass die grösste Stromdichte an
der Stelle oder in dem Gebilde sich finde, auf welches man
zu wirken beabsichtigt. Ausserdem aber hat man hier
noch darauf zu achten, dass der Strom in den Nerven und
Muskeln eine bestimmte Richtung habe, da diese auf die
Wirkungen von Einfluss ist.

Die Wahl der Kette ist vorzugsweise wichtig. Da
der Widerstand der thierischen Theile sehr gross ist, auch
bei Anwendung feuchter Electroden, so wird man stets eine Kette von vielen Elementen anwenden müssen, um nur
einiger Maassen starke Ströme zu erzielen. DANIELL'sche
Elemente sind empfehlenswerth, da sie billiger und nicht
so lästig sind, als die GROVE'schen oder BUNSEN'schen.
Braucht man aber etwas stärkere Ströme, so sind diese
nicht zu umgehen. Die kleinen GROVE'schen Elemente,
welche DU BOIS-REYMOND angegeben hat, sind dazu am
vortheilhaftesten.

Als Electroden wendet man dieselben an, welche bei
Inductionsströmen dienen, mit Schwämmen überzogene
Platten von verschiedener Grösse. Je grösser die Electroden sind, desto stärker wird der Strom, desto geringer
aber auch verhältnissmässig die Dichte an der Electrode
selbst. Will man also auf tiefer gelegene Theile wirken,
so bedient man sich zweier recht grosser Electroden. Soll
aber die Wirkung mehr auf eine bestimmte Stelle localisirt
werden, so muss die eine Electrode kleiner sein, um auf

jene Stelle aufgesetzt zu werden, wo dann die Stromdichte
am grössten wird.

Auf die Sinnesorgane wendet man die Ströme ganz
in derselben Weise an. Man sucht den Electroden stets
eine Lage zu geben, bei welcher die Stromdichte in dem
betreffenden Organe ein Maximum wird. Aber dies ist
nicht immer leicht zu erreichen. Bei der Retina z. B. oder
dem N. opticus müsste man sich damit begnügen, die eine
Electrode etwa auf den inneren Augenwinkel, die andere
etwa auf die Schläfe aufzusetzen. Dabei fällt aber die gerade Verbindungslinie beider Electroden nur mit einem Theil
der Retina zusammen und vor den Opticus. Aehnlich ist
es bei anderen Sinnesnerven. Um auf den Acusticus zu
wirken, füllt man die äusseren Gehörgang mit lauwarmem
Wasser und taucht dahinein einen Draht; als andere Electrode setzt man auf die Schläfe eine grosse mit Schwamm
überzogene Platte. Auf dieselbe Weise würde man auch
den M. tensor tympani und den M. stapedius erregen. Die
Centralorgane des Nervensystems sind durch ihre knöchernen Hüllen hindurch den Strömen ebenso zugänglich wie
andere in gleicher Tiefe gelegene Organe.

§. 81. Für die Anwendung der rein physicalischen
Wirkungen der Electricität auf die Gewebe gelten natürlich dieselben Grundsätze, wie wir sie eben für die physiologischen Wirkungen auf Nerven und Muskeln bespro-
chen haben. Stets wird man dafür zu sorgen haben, dass
da, wo die Wirkung stattfinden soll, die Stromdichte am
grössten sei, während man im Uebrigen den Widerstand
möglichst verkleinert, um die grösstmögliche Stromstärke
zu erlangen.

Was zunächst die electrolytische Wirkung des
Stromes betrifft, so hat man von derselben Anwendung zu
machen versucht zur Zertheilung von Geschwülsten und
dergleichen. Doch sind die Erfahrungen über diesen Punct
noch sehr mangelhaft. Bei der Anwendung des Stromes
für diesen Zweck wird man sich einer möglichst starken
Kette von DANIELL'schen oder GROVE'schen Elementen bedienen müssen, und als Electroden grosse mit Schwämmen
überzogene Platten anwenden.

Von sehr grosser Bedeutung und schon durch günstige
Erfahrung erprobt ist die Anwendung der Electrolyse zur
Heilung der Aneurysmen. Man bezeichnet dieses
Verfahren gewöhnlich mit dem Namen der Galvanopunctur. Es handelt sich dabei um einen Fall der sogenannten
secundären electrolytischen Wirkung. Wird nämlich ein Strom durch eine Flüssigkeit geleitet, so können
die an der einen oder anderen Electrode durch die Electrolyse ausgeschiedenen Jonen wieder ihrerseits chemische
Wirkungen ausüben. Man nennt dann eben diese Wirkungen secundär electrolytische. Dergleichen Fälle haben
wir schon bei der Besprechung der constanten Ketten kennen gelernt, wo durch den ausgeschiedenen Wasserstoff
das Kupferoxyd zu Kupfer reducirt wird (in der DANIELL'-
schen Kette) oder Salpetersäure zu salpetriger Säure (in
der GROVE'schen; Vgl. §: 26 und 27). Leitet man den
Strom durch Hühnereiweiss, Blutserum oder Blut, so werden die Salze dieser Flüssigkeiten zersetzt, am positiven
Pole scheiden sich die Säuren aus und machen dort das
Eiweiss gerinnen. Bringt man nun einen Strom so an,
dass der positive Pol innerhalb einer Arterie oder eines
Aneurysmasackes zu liegen kommt, so geschieht diese Ge-
rinnung ebenfalls. An dem ausgeschiedenen Eiweiss setzt

sich dann noch das Fibrin an, und man erhält so einen
festen Verschluss des Aneurysmasackes. Um dies ins
Werk zu setzen, verbindet man mit dem positiven Pole
der Kette eine feine Nadel von Platin oder Silber, welche
bis auf eine kurze Strecke an der Spitze stark gefirnisst
ist. Diese Nadel sticht man durch die Haut und Gefäss-
wand hindurch in das Lumen der zu verschliessenden Arterie, bezüglich des Aneurysmasackes ein, so dass die freie
Spitze mitten in dem Blute steht. Mit dem negativen Pole
verbindet man dann eine grosse mit Schwamm überzogene
Platte, welche man möglichst nahe dem Aneurysma auf die
wohl durchfeuchtete Haut aufsetzt. Auf diese Weise erhält man einen kräftigen Strom, ohne dass bei dem grossen Querschnitt der negativen Electrode bedeutende Schmerzerregung stattfindet. Beide Pole mit Nadeln zu verbinden
und in das Aneurysma einzuführen, ist nicht räthlich, da
die Wirkung doch nur am positiven Pole stattfindet, und
die etwas grössere Entfernung der Electroden durch den
grossen Querschnitt der negativen mehr als compensirt
wird. Für sorgfältige Isolirung der einzustechenden Nadel
durch einen guten Firnissüberzug, welcher nur die Spitze
frei lässt, muss man Sorge tragen, damit nicht ein Theil
des Stromes seinen Weg durch die das Aneurysma bedek-
kenden Gewebe gehe und seine Wirkung verfehle. Auch
ist es nothwendig, die zuführende Arterie während der
Operation zu comprimiren, damit nicht die entstehenden
Gerinnsel durch den Blutstrom fortgeschwemmt werden
und zu Embolien Veranlassung geben.

Die Dauer des Stromdurchganges richtet sich natürlich nach der Grösse des Aneurysmasackes und der Stromstärke. Es lässt sich darüber keine allgemeine Angabe
machen, sondern man wird in jedem einzelnen Falle zu ent-

scheiden haben, wann der vollständige Verschluss erreicht
ist. In Bezug auf die Stromstärke ist zu bemerken, dass
man sich vor zu starken Strömen ebenso zu hüten habe,
als vor zu schwachen. Bei den letteren tritt die Wirkung zu langsam ein, bei zu grosser Stromstärke aber
würde an der positiven Electrode eine stürmische Sauer-
stoffentwickelung auftreten und dadurch das ausgeschiedene
Gerinnsel sehr aufgelockert werden und nicht die genügende Festigkeit erlangen. Im Allgemeinen wird man mit
einer Kette von 20 bis 25 DANIELL'schen oder 10 bis 15
kleinen GROVE'schen Elementen wol stets ausreichen.[1]

Die Vorzüge dieser Methode vor den sonstigen Be-
handlungsarten der Aneurysmen liegen auf der Hand. Die
Wirkung geschieht schnell, sicher und ohne die geringste
Verletzung, da das Einstechen so feiner Nadeln ja bekanntlich ganz unschädlich ist. Die ungünstigen Erfolge in einzelnen Fällen sind wol stets durch unzweckmässige Anwendung verschuldet gewesen und nicht der Methode selbst
zuzuschreiben. Ihre Anwendbarkeit ist aber nur auf die
Fälle beschränkt, wo das Aneurysma für die einzuführende
Nadel zugänglich ist. Bei tiefer gelegenen wird zu dem
Ende eine vorherige Bloslegung nicht zu umgehen sein.
Die Galvanopunctur mit der Unterbindung zu verbinden,
scheint nicht rathsam, da die letztere die Wirkung der ersteren nicht weiter zu fördern vermag, und es sich ja gerade darum handelt, die üblen Folgen der Unterbindung
zu umgehen. Eine öftere Wiederholung der Galvanopunc-

---

[1] Die Anwendung inconstanter Ströme oder gar solcher von wech-
selnder Richtung, wie sie die Inductionsapparate liefern ist selbstverständlich für die Galvanopunctur ganz zu verwerfen. Ihre Em-
pfehlung in den Handbüchern der Chirurgie beruht nur auf Miss-
verständnissen.

tur wird, wenn die erste Anwendung richtig vorgenommen
worden, wol selten nöthig werden.

Ebenfalls auf secundärer Electrolyse beruhend aber
bis jetzt noch nicht für die practische Anwendung geeignet ist die Auflösung der Blasensteine. Bence Jo-
nes hat sich überzeugt, dass eine electrolytische Auflösung
solcher Steine möglich ist. Die Anwendung zur Auflösung
in der Blase selbst ist aber bis jetzt noch nicht versucht
worden. Es müsste zu diesem Zwecke ein Instrument construirt werden nach Art des Percüteur von Heurteloup,
dessen Arme jedoch von einander isolirt sind, um mit den
Polen der Kette verbunden zu werden. Auch wäre es
vielleicht nöthig, die Producte der Electrolyse schnell aus
der Blase zu entfernen, da ihr Verweilen in derselben
vielleicht schädlich sein könnte. Zu diesem Behufe müsste
das zu gebrauchende Instrument noch gestatten, während
der Operation die Blase auszuspülen, etwa nach Art des
getheilten Catheters von Cloquet (sonde à double cou-
rant). Ein solches Instrument liesse sich ohne grosse Schwie-
rigkeit ersinnen, und es wäre daher wol der Mühe werth,
weitere Versuche über diesen Gegenstand anzustellen.

Mit der electrolytischen Wirkung verwandt ist die fort-
führende Wirkung, welche der Strom entfaltet, wenn er Electrolyte durchströmt, die in capillaren Räumen enthalten sind.
Es werden dann die Flüssigkeiten im Sinne des Stromes
vom positiven nach dem negativen Pole hin in Bewegung
versetzt. Man hat hiervon Anwendung zu machen versucht,
um Medicamente in den Organismus einzuführen, damit sie
auf tiefer gelegene Organe local einwirken könnten. Andere wollten wieder im Gegentheil im Körper befindliche
Substanzen, wie Quecksilber, durch den Strom aus demselben entfernen. Die hierüber gemachten Angaben enthalten

wol sehr viel Falsches neben einigem Wahren. Es ist daher gerathen, das Urtheil darüber noch aufzuschieben. Practische Erfolge sind auf diesem Wege noch nicht erzielt.

§. 82. Wir kommen endlich zu einer der wichtigsten Anwendungen des Stromes, welche in der Chirurgie von epochemachender Bedeutung geworden ist, zur Galvanocaustik. Es ist MIDDELDORPFF's Verdienst, diesen Zweig der chirurgischen Technik zur höchsten Vollkommenheit gebracht zu haben. Abweichend von den bisher besprochenen Anwendungen handelt es sich hierbei nicht um eine unmittelbare Wirkung des Stromes auf die Gewebe, sondern um die Benutzung der Wärme, welche der Strom in metallischen Leitern entwickelt.

Alle Leiter, metallische wie flüssige, welche von einem Strome durchflossen werden, erfahren dabei eine Erwärmung. Diese ist um so bedeutender, je grösser die Intensität des Stromes und je grösser der Widerstand des Leiters ist, und zwar ist die Erwärmung proportional dem Quadrat der Stromintensität und direct proportional dem Widerstande des Leiters. Daraus folgt, dass ein Leiter, welcher in den Schliessungsbogen eingeschaltet ist, um so stärker erwärmt werden muss, je schlechter er und je besser die übrigen Theile des Schliessungsbogens leiten. Hat man daher eine Kette von starker electromotorischer Kraft und geringem Widerstande, z. B. ein GROVE'sches oder BUNSEN'sches Element von recht grosser Oberfläche, und schliesst dasselbe durch einen Draht von Platin, welches bekanntlich zu den schlecht leitenden Metallen gehört, so kann man denselben in das heftigste Glühen versetzen, ja sogar schmelzen. Je kürzer und dünner der Draht ist, desto leichter gelingt es, ihn zum Glühen zu bringen.

Denn jeder einzelne Theil des Drahtes schwächt durch
seinen Widerstand die Stromstärke in allen übrigen Theilen, vermindert also ihre Erwärmung; je dünner aber der
Draht ist, um so leichter geräth er auch schon durch eine
geringere Erwärmung ins Glühen.

Die Galvanocaustik nun besteht in der Benutzung
solcher durch den Strom glühend gemachter Leiter an
Stelle des gewöhnlichen Glüheisens. Vor diesem hat sie
den grossen Vorzug, dass der Leiter kalt an die Stelle gebracht werden kann, wo die Wirkung erfordert wird, dass
dann ein einfaches Schliessen des Stromes ihn zum Glühen bringt, und dass er nach vollbrachter Wirkung wieder
kalt entfernt werden kann. Sie ermöglicht also die Anwendung des Cauterium in Tiefen, welche sonst gar nicht
zugänglich wären ohne Verletzung der höheren Theile.
Dazu kommt noch, dass die Temperatur, welche man dem
Galvanocauter zu ertheilen vermag, eine sehr viel höhere
ist, als die des weissglühenden Eisens, und dass diese Temperatur während der ganzen Operationsdauer constant
bleibt (vorausgesetzt natürlich, dass der Strom constant ist).
Endlich kann man noch mit dem durch den Strom glühend
gemachten Draht in Tiefen, welche sonst unzugänglich wären, schneiden u. z. ohne Blutung. Diese Andeutungen
mögen genügen, die Wichtigkeit der Galvanocaustik klar
zu machen. Wir können hier nicht auf die Einzelnheiten
der galvanocaustischen Technik eingehen, sondern müssen
uns, unserer Aufgabe gemäss, auf das rein Physicalische
beschränken. Wir schliessen der leichteren Anschaulichkeit
wegen die nöthigen Betrachtungen an einen concreten Fall an.

Gesetzt, eine Geschwulst (Polyp oder dergleichen) in
der Tiefe einer Höhle sei zu entfernen. MIDDELDORPFF
hat zu diesem Zweck seine galvanocaustische Schnei-

deschlinge angegeben, einen glühenden Platindraht, welcher schlingenförmig um die Basis der Geschwulst gelegt,
dann glühend gemacht wird und nun durch langsames Zuschnüren der Schlinge die Geschwulst abschneidet und zugleich die Wunde cauterisirt.

Wir haben zunächst darauf zu achten, wie dick der
Platindraht sei, welchen wir wählen. Je dicker der Draht
ist, desto schwerer ist er glühend zu machen, bei zu grosser Dünne aber kann der Draht leicht beim Zuschnüren
reissen. Ist der Draht gewählt und um die Geschwulst
geführt, so handelt es sich darum, ihm den Strom auf
zweckmässige Weise zuzuführen. Dabei muss eine solche
Anordnung getroffen werden, dass die Leitung bis zu der
Schlinge hin einen möglichst geringen Widerstand bietet.
Denn dadurch bleibt diese Leitung selbst kalt, während
die Schlinge möglichst stark erwärmt wird. MIDDELDORPFF
steckt daher die Drahtenden der Schlinge in zwei parallele, durch Elfenbein von einander isolirte Röhren von
Messing (Kupfer wäre noch besser), welche zugleich als
Führung für das Zuschnüren dienen. Diesen Röhren wird
der Strom durch dicke, mit Guttapercha überzogene Kup-
ferdräthe zugeleitet. Zweckmässig ist es, an dem Heft der
Schneideschlinge eine Vorrichtung anzubringen, welche den
Strom durch einfachen Fingerdruck zu schliessen und zu
öffnen gestattet.

Nun handelt es sich um die zwekmässigste Wahl der
Kette. Wir haben schon oben gesehen, dass die Kette
eine möglichst grosse electromotorische Kraft und einen
möglichst geringen Widerstand haben muss. Die DANIELL'-
sche Kette ist daher selbstverständlich ganz ausgeschlossen.
Möglichst grosse GROVE'sche oder BUNSEN'sche Elemente
sind am zweckmässigsten, die letzteren aber vorzuziehen,

da die ersteren zu theuer sind. Besonders zweckmässig
für den vorliegenden Zweck ist die Form der Bunsen'schen
Elemente, wo die Kohle die Gestalt einer dünnen ziemlich
grossen Tafel hat, welche in einer parallelipedischen Thon-
zelle steht, während das diese möglichst enge umschlies-
sende Zink in einem ebenfalls parallelipedischen Porcellan-
troge enthalten ist. Man erhält so Elemente von sehr geringem Widerstande, welche verhältnissmässig wenig Flüssigkeit zu ihrer Füllung bedürfen. In neuerer Zeit hat
man sich häufig der sogenannten Grennet'schen Batterie
für galvanocaustische Zwecke bedient. In dieser stehen
sich Kohle und Zink gegenüber in einem Gemenge von
chromsaurem Kali und Schwefelsäure. Die Batterie hat
einen sehr geringen Widerstand, da aber kein Diaphragma
und nur eine Flüssigkeit vorhanden, so findet eine starke
Polarisation statt, welche den Strom innerhalb sehr kurzer
Zeit so sehr schwächt, dass der Platindraht nicht mehr zum
Glühen gebracht werden kann. Um nun die Polarisation
fortzuschaffen, bläst man mit einem Blasebalg atmosphäri-
sche Luft durch die Flüssigkeit, welche den entwickelten
Wasserstoff fortspült. So lange geblasen wird, so lange
glüht der Draht. Die Handhabung dieser Batterie ist allerdings einfacher, als die der Bunsen'schen, deren Dämpfe auch lästig werden. Doch in clinischen Anstalten, wo
man der Batterie eine feste Stelle in einem Nebenzimmer
anweisen und von da die Leitungsdrähte in den Operations-
saal leiten kann, dürfte die Bunsen'sche Kette wegen der
constanteren Wirkung doch den Vorzug verdienen. Vier
Elemente der oben bezeichneten Art werden wol für alle
Fälle ausreichen.

Welche Batterie man aber auch anwenden möge, so
hat man doch in jedem einzelnen Falle zu entscheiden, wie

viel Elemente und in welcher Art combinirt zu verwenden
seien, damit der Platindraht die richtige Temperatur erhal-
te. Ist der Draht lang und dünn, sein Widerstand also
gross, so muss man mehr Elemente hintereinander anwenden, bei einem kürzeren und dickeren Draht kann es
vortheilhaft sein, die Elemente nebeneinander zu combiniren (Vgl. §§. 37 und 38). Zu dem Ende muss man
wissen, wie das Verhältniss der Widerstände zwischen dem
anzuwendenden Drahte und den Elementen ist. Die zu
wählende Combination würde sich dann leicht berechnen
lassen. In der Praxis wird es aber wol stets einfacher sein,
die in jedem Falle zweckmässigste Combination durch Probiren zu finden. Hierbei ist aber Folgendes zu beachten:
Legt man die Schlingen um die Geschwulst und schliesst
den Strom, so wird ein sehr beträchtlicher Theil der im
Draht erzeugten Wärme durch die Gewebe abgeleitet und
besonders durch die Verdunstung vernichtet. Hat man
also vor dem Umlegen der Schlinge die Combination gesucht, welche den Draht in der Luft gut weissglühend
macht, so wird er nachher leicht zu kalt sein. Man muss
dann den Strom noch etwas verstärken. Dann aber muss
man sich hüten, den Strom zu schliessen, während der
Draht in der Luft ist, er könnte sonst leicht schmelzen.
Man muss daher so verfahren, dass man das Probiren
möglichst unter denselben Umständen vornimmt, unter denen die Operation geschehen soll. Man nehme daher einen
feuchten Körper von dem Umfange der Geschwulst, etwa
ein Stück Rindfleisch, lege die Schlinge um, und probire
die Combination aus, bei welcher man das Fleisch gut
schneiden kann, öffne den Strom, lege die Schlinge um
die Geschwulst und operire. Auch ist es gut, eine Einrichtung zu haben, welche gestattet, während der Operation

selbst die Stromstärke schnell und einfach zu ändern. Dies
wird z. B. nöthig, wenn die Geschwulst einen sehr grossen
Umfang hat. Schnürt man die Schlinge allmählich zu, so
wird sie kürzer, damit aber auch heisser. Ist aber die
Schlinge zu heiss, so kann es kommen, dass sie nicht
mehr styptisch wirkt. Es ereignet sich dann dasselbe, wie
in dem bekannten LEYDENFROST'schen Versuch. Die Schlinge
umgiebt sich mit einer Hülle von Wasserdampf, welcher
ihre Wirkung auf die Umgebung hindert, so dass das Blut
nicht gerinnt.

Um nun alle Combinationen, welche die vorhandenen
Elemente gestatten, schnell herstellen und die zweckmässigste wählen zu können, ist es zweckmässig, eine Vorrichtung zu haben, in welcher die Pole der einzelnen Elemente
mit Metallklötzen verbunden sind, die auf einem Brette befestigt und mit passenden Einschnitten versehen durch einfaches Einstecken und Ausziehen von Stöpseln in der verschiedensten Weise mit einander verbunden werden können. (Gerade wie dies bei dem Fig. 13 abgebildeten
Rheochord geschieht). MIDDELDORPFF hat schon einen der-
artigen Apparat angegeben. Um dann auch geringere Aenderungen der Stromstärke herstellen zu können, schaltet
man noch in den Strom einen veränderlichen Widerstand
ein, etwa eine mit Quecksilber gefüllte Röhre, in welcher man
einen starken mit Guttapercha überzogenen und nur an der
Spitze freien dicken Kupferdraht hin und her schieben kann.
Je tiefer der Draht in die Röhre hineingeschoben wird, desto
stärker wird der Strom. Ueber die Behandlung der Kette
vgl. §. 27.

—◦§◦—

www.ingramcontent.com/pod-product-compliance
Lightning Source LLC
Chambersburg PA
CBHW021801190326
41518CB00007B/396